Magia del Mercado: Navegando por el laberinto del mercado de valores

Estrategias para el éxito en mercados alcistas y bajistas

Rosa López

© **Copyright 2024 - Todos los derechos reservados.**

El contenido de este libro no puede ser reproducido, duplicado o transmitido sin el permiso directo por escrito del autor o del editor.

Bajo ninguna circunstancia se culpará o tendrá responsabilidad legal alguna contra el editor, o el autor, por cualquier daño, reparación o pérdida monetaria debido a la información contenida en este libro, ya sea directa o indirectamente.

Aviso Legal:

Este libro está protegido por derechos de autor. Es solo para uso personal. No puede modificar, distribuir, vender, usar, citar o parafrasear ninguna parte o el contenido de este libro sin el consentimiento del autor o editor.

Aviso de exención de responsabilidad:

Tenga en cuenta que la información contenida en este documento es solo para fines educativos y de entretenimiento. Se ha hecho todo lo posible para presentar información precisa, actualizada, confiable y completa. No se declaran ni implican garantías de ningún tipo. Los lectores reconocen que el autor no se dedica a la prestación de asesoramiento legal, financiero, médico o profesional. El contenido de este libro se ha derivado de varias fuentes. Consulte a un profesional autorizado antes de intentar cualquiera de las técnicas descritas en este libro.

Al leer este documento, el lector acepta que bajo ninguna circunstancia el autor es responsable de las pérdidas, directas o indirectas, en las que se incurra como resultado del uso de la información contenida en este documento, incluidos, entre otros, errores, omisiones o inexactitudes.

Tabla de contenidos

INTRODUCCIÓN 7

CAPÍTULO I. Fundamentos de la inversión 10

Historia del Mercado de Valores 10

Fundamentos de los Instrumentos Financieros: Acciones, Bonos, Opciones, Futuros 13

Principios de Riesgo y Rentabilidad 15

Establecimiento de objetivos de inversión y evaluación de la tolerancia al riesgo 18

CAPÍTULO II. Fundamentos económicos y análisis de Mercado 22

Indicadores macroeconómicos y su impacto en el Mercado 22

Factores microeconómicos y análisis de la industria 26

Análisis Fundamental: Evaluación del Desempeño de la Empresa 29

Análisis Técnico: Patrones de Gráficos, Indicadores y Herramientas 32

Análisis de sentimientos: Comprender la psicología del Mercado 35

CAPÍTULO III. Construir una cartera diversa y resiliente . 39

Estrategias de asignación de activos: acciones, bonos, bienes raíces, materias primas 39

Técnicas de diversificación: diversificación geográfica, sectorial y de clases de activos 42

Estrategias de reequilibrio y técnicas de optimización de carteras 44

Consideraciones de eficiencia fiscal 48

CAPÍTULO IV. Estrategias para mercados alcistas 52

Growth Investing: Identificación de acciones de alto potencial de crecimiento 52

Momentum Trading: Siguiendo la tendencia del Mercado 55

Estrategias de rotación sectorial 58

Ofertas Públicas Iniciales (OPI) y Nuevas Oportunidades 62

CAPÍTULO V. Estrategias para los mercados bajistas 65

Inversión en valor: Encontrar acciones infravaloradas 65

Inversión defensiva: proteger el capital durante las recesiones 68

Estrategias de venta en corto 71

Técnicas de cobertura: opciones, futuros y derivados 74

CAPÍTULO VI. Gestión de Riesgos y Finanzas Conductuales 77

Entendiendo el Riesgo: Riesgo Sistemático y No Sistemático 77

Estrategias de Dimensionamiento de Posiciones y Asignación de Carteras 80

Sesgos conductuales en la inversión: superar el miedo, la codicia y el anclaje 83

Establecimiento de Stop Loss y Límites de Riesgo 85

Aspectos psicológicos de la inversión: paciencia, disciplina e inteligencia emocional 88

CAPÍTULO VII. Sincronización del mercado y asignación táctica de activos 90

Estrategias de sincronización del mercado: seguimiento de tendencias, enfoques contrarios 90

Tendencias estacionales y efectos de calendario 93

Estrategias tácticas de asignación de activos para diferentes condiciones de Mercado 95

Identificación de regímenes de mercado y ajuste de estrategias en consecuencia 97

CAPÍTULO VIII. Situaciones Especiales e Inversiones Alternativas 100

Fusiones y Adquisiciones: Estrategias para Beneficiarse de las Acciones Corporativas 100

Valores en dificultades y oportunidades de reestructuración 103

Capital Privado, Capital de Riesgo e Inversión en Startups 107

Estrategias de Inversión Inmobiliaria 111

CAPÍTULO IX. El papel de la tecnología en la inversión . 116

Trading algorítmico y estrategias cuantitativas 116

Trading de alta frecuencia: oportunidades y riesgos 121

Robo-Advisors y Gestión Automatizada de Carteras........ 125

Utilización de Big Data y Machine Learning en el análisis de inversions 130

CAPÍTULO X. Mercados Globales e Inversión Internacional **134**

Comprender las tendencias económicas globales y los riesgos geopolíticos 134

Invertir en mercados emergentes: oportunidades y desafíos 138

Mercados de divisas y estrategias de cambio de divisas 142

Diversificación Internacional y Estrategias de Cobertura 145

CAPÍTULO XI. Estudios de Caso y Perspectivas Históricas **149**

Análisis de eventos famosos del mercado: caídas, burbujas y recuperaciones 149

Biografías de Inversores y Traders Exitosos 152

Aprender de las fallas del mercado y los errores de inversión 155

Examinando los éxitos de inversión a largo plazo 158

CONCLUSIÓN **161**

INTRODUCCIÓN

Bienvenido a "La magia del mercado: navegando por el laberinto del mercado de valores: estrategias para el éxito en los mercados alcistas y bajistas". En este completo libro electrónico, viajamos a través del mundo dinámico y a menudo impredecible de los mercados bursátiles, explorando las estrategias, conocimientos y técnicas que los inversores y traders exitosos emplean para navegar por las complejidades de los mercados alcistas y bajistas.

El mercado de valores es un laberinto, con oportunidades y obstáculos en constante cambio. Los inversores deben abrirse camino a través de giros y vueltas, altos y bajos, para lograr sus objetivos financieros. Este libro electrónico está destinado a ofrecer un análisis perspicaz y consejos valiosos para el éxito en el laberinto del mercado de valores, independientemente de su experiencia como operador. Es ideal para los nuevos inversores que desean establecer una sólida base de conocimientos y para los operadores experimentados que buscan mejorar sus enfoques.

Dentro de las páginas de este libro electrónico, examinaremos las estrategias y tácticas empleadas por algunos de los traders e inversores más prósperos a nivel mundial, extrayendo información de sus experiencias y destilando lecciones cruciales que puede aplicar a su viaje de inversión.

Un tema principal de "Market Magic" es la importancia de adoptar una perspectiva a largo plazo al invertir. Aunque puede haber breves fluctuaciones en el mercado de valores, los inversores astutos entienden que la creación real de riqueza lleva tiempo. Los inversores pueden capitalizar las oportunidades de crecimiento a largo plazo y capear los períodos de turbulencia del mercado centrándose en los fundamentos subyacentes de las empresas y los sectores en lugar de quedar atrapados en los movimientos diarios del mercado.

Otro enfoque clave de este libro electrónico es la importancia de la gestión del riesgo y la diversificación en la construcción de una cartera de inversión resiliente. Debido a la imprevisibilidad inherente al mercado de valores, incluso la estrategia de inversión mejor planificada puede necesitar ayuda. Al diversificar sus activos en varias clases de activos, industrias y regiones, los inversores pueden mitigar los efectos de los cambios en acciones individuales y proteger sus carteras contra pérdidas sustanciales.

Además, "Market Magic" explora las diferentes estrategias y enfoques de los inversores y traders exitosos tanto en los mercados alcistas como en los bajistas. Los mercados alcistas se definen por el aumento del valor de las acciones y una perspectiva positiva entre los inversores, lo que presenta oportunidades de crecimiento y revalorización del capital. Sin embargo, navegar por los mercados alcistas requiere disciplina y un profundo conocimiento de las métricas de valoración para evitar sucumbir a la exuberancia irracional.

Por el contrario, los mercados bajistas, marcados por la caída de los precios de las acciones y el pesimismo de los inversores, plantean desafíos únicos para los inversores. Sin embargo, también presentan oportunidades para que los inversores en valor capitalicen activos infravalorados y se posicionen para obtener beneficios a largo plazo. Al mantener una mentalidad contraria y centrarse en empresas con fundamentos sólidos y ventajas competitivas, los inversores pueden salir más sólidos y resilientes de los mercados bajistas.

Además de explorar las estrategias empleadas por los inversores exitosos, "Market Magic" también examina eventos famosos del mercado y éxitos de inversión para obtener información y lecciones valiosas. Desde la burbuja de las puntocom de finales de la década de 1990 hasta la crisis financiera mundial de 2007-2008, estos acontecimientos históricos ofrecen valiosas lecciones sobre los peligros de la especulación, la importancia de la gestión del riesgo y la resistencia del mercado de valores a lo largo del tiempo.

En conclusión, "Market Magic" es más que una guía para navegar por el laberinto del mercado de valores: es una hoja de ruta para el éxito en un panorama impredecible y en constante cambio. Ya sea que esté comenzando su viaje de inversión o esté buscando refinar sus estrategias, este libro electrónico proporciona el conocimiento, las ideas y la inspiración que necesita para descubrir los secretos de la magia del mercado y alcanzar sus objetivos financieros. Entonces, sumerjámonos y embarquémonos en este viaje juntos.

CAPÍTULO I

Fundamentos de la inversion

Historia del Mercado de Valores

La historia del mercado de valores es un rico tapiz tejido con los hilos de la innovación humana, la ambición y la evolución económica. Sus raíces se pueden encontrar en culturas históricas como los babilonios y los fenicios, que se dedicaron a formas rudimentarias de comercio y comercio. Sin embargo, en el siglo XVII, el concepto moderno de los mercados bursátiles comenzó a tomar forma con el establecimiento de bolsas formalizadas en ciudades como Ámsterdam y Londres.

Fundada en 1602, la Bolsa de Valores de Ámsterdam es a menudo considerada como la primera bolsa de valores oficial del mundo. En este caso, la Compañía Holandesa de las Indias Orientales emitió acciones a los inversores, proporcionándoles una propiedad fraccionada de la empresa y una participación en sus beneficios. Esta innovación revolucionaria allanó el camino para el desarrollo de los mercados financieros modernos, permitiendo a los inversores negociar acciones en un mercado centralizado.

En los siglos XVIII y XIX, la idea de las sociedades anónimas y las acciones que cotizan en bolsa ganó fuerza, especialmente con el inicio de la Revolución Industrial. A medida que la industrialización se extendía por Europa y América del Norte, las empresas buscaban capital para financiar la expansión y la innovación. La emisión de acciones y bonos proporcionó un medio para que las empresas recaudaran fondos de los inversores, impulsando el crecimiento económico y el desarrollo industrial.

La Bolsa de Valores de Nueva York (NYSE) surgió como una institución financiera líder en los Estados Unidos en el siglo XIX. Establecida en 1792 como un mercado para el comercio de acciones bancarias y bonos del gobierno, creció con el tiempo para abarcar una variedad de valores y finalmente se convirtió en la principal bolsa de valores del mundo. El icónico parqué de la Bolsa de Nueva York, repleto de corredores y operadores, se convirtió en sinónimo de la emoción y la energía de los mercados financieros.

En el siglo XX, fuimos testigos de hitos significativos en la historia del mercado de valores, incluido el colapso de 1929 y la posterior Gran Depresión. El desplome del apalancamiento de 1929 y el desplome del mercado de valores de 1929 causaron una prolongada depresión económica y un alto desempleo. Los gobiernos respondieron promulgando salvaguardias financieras y cambios normativos para devolver la estabilidad y la confianza al sector financiero.

Después de la Segunda Guerra Mundial, el mercado de valores experimentó una expansión y riqueza sin precedentes, impulsada por las mejoras tecnológicas, los cambios demográficos y el creciente comercio internacional. La era de la posguerra vio el surgimiento de empresas icónicas como IBM, General Motors y Coca-Cola, cuyas acciones se convirtieron en sinónimo de riqueza y prosperidad. El auge de los inversores institucionales, incluidos los fondos de pensiones y los fondos mutuos, contribuyó aún más a la democratización de la inversión y a la expansión de la participación en el mercado de valores.

En la segunda mitad del siglo XX, fuimos testigos del auge del comercio electrónico y la proliferación de derivados financieros, lo que marcó el comienzo de una nueva era de innovación económica y globalización. Con la introducción de las plataformas de negociación en línea y las redes de comunicación electrónica (ECN), las personas podían negociar acciones y otros activos desde la comodidad de sus hogares, democratizando el acceso a los mercados financieros.

Sin embargo, el siglo XXI también trajo dificultades y catástrofes, como la crisis financiera mundial de 2008 y el colapso del boom de las puntocom en 2000. La burbuja de las puntocom, alimentada por el frenesí especulativo y la exuberancia irracional, hizo que las valoraciones de las empresas relacionadas con Internet se dispararan a niveles insostenibles antes de estrellarse contra la tierra. Del mismo modo, la crisis financiera mundial, desencadenada por el colapso del mercado de hipotecas de alto riesgo, provocó un pánico generalizado y una agitación en los mercados financieros de todo el mundo.

En respuesta a estas crisis, los reguladores implementaron reformas radicales para mejorar la transparencia, la rendición de cuentas y la estabilidad del sistema financiero. Leyes como la Ley Dodd-Frank de Reforma de Wall Street y Protección al Consumidor y la Ley Sarbanes-Oxley establecieron más regulaciones sobre las corporaciones financieras y fortalecieron los requisitos de divulgación para las empresas que cotizan en bolsa.

Hoy en día, el mercado de valores continúa evolucionando en respuesta a los avances tecnológicos, los cambios regulatorios y las preferencias cambiantes de los inversores. El auge del trading algorítmico, la proliferación de fondos cotizados en bolsa (ETF) y la aparición de las criptomonedas son solo algunos ejemplos de las transformaciones en curso que dan forma al panorama de los mercados financieros.

En conclusión, la historia del mercado de valores es un testimonio de la resiliencia y adaptabilidad del ingenio humano a los desafíos y oportunidades económicas. Desde sus humildes comienzos en las casas comerciales de las civilizaciones antiguas hasta el mercado global actual, el mercado de valores sigue siendo una piedra angular de las finanzas modernas, impulsando el crecimiento económico, la innovación y la prosperidad.

Fundamentos de los Instrumentos Financieros: Acciones, Bonos, Opciones, Futuros

Comprender los fundamentos de los instrumentos financieros no es una opción; Es imprescindible para cualquiera que desee navegar por las complejidades de la economía actual. El núcleo de los mercados financieros se compone de cuatro instrumentos clave: acciones, bonos, opciones y futuros. Cada uno de estos instrumentos tiene propósitos únicos y presenta oportunidades exclusivas para los inversores.

Las acciones, también conocidas como acciones, son representaciones de la propiedad de las empresas que cotizan en bolsa. Una persona que compra acciones puede votar en las juntas de accionistas y tiene derecho a una parte de las ganancias de la empresa. Además, comienzan a ser dueños de una parte de la empresa. En bolsas de valores como el NASDAQ y la Bolsa de Valores de Nueva York (NYSE), las acciones de corporaciones que cotizan en bolsa suelen estar disponibles para la venta y la venta. El valor de una acción está influenciado por varios factores, incluido el desempeño financiero de la empresa, los desarrollos de la industria y el estado de ánimo de los inversores. Invertir en acciones tiene un riesgo de volatilidad de precios y posibles pérdidas, pero también tiene el potencial de aumentar el capital y las ganancias a medida que la empresa crece.

Por otro lado, los bonos representan obligaciones de deuda emitidas por gobiernos, municipios o corporaciones para recaudar capital. La adquisición de un bono otorga crédito al emisor a cambio de pagos periódicos de intereses, y el monto principal se reembolsa al vencimiento del bono. Los bonos vienen en muchas variedades diferentes, cada una con características de riesgo y rendimiento. Algunos ejemplos son los bonos convertibles, corporativos, municipales y gubernamentales. Debido a que el gobierno respalda los activos del gobierno, como los bonos del Tesoro de EE.UU., con toda su fe y crédito, se consideran inversiones de bajo rendimiento. Por otro lado, los bonos corporativos son más riesgosos, pero ofrecen rendimientos más altos a los inversores para compensar el riesgo. Los bonos se negocian en el mercado de bonos, donde los cambios en las tasas de interés, la calificación crediticia y las circunstancias del mercado afectan el valor de un bono.

Un tipo de contrato de derivados es una opción que le da a su tenedor la opción, pero no la obligación, de comprar o vender el activo subyacente a un precio determinado durante un período de tiempo específico. Las opciones de venta y compra son dos tipos diferentes de opciones. El titular de una opción de compra puede comprar el activo subyacente al precio de ejercicio predefinido; En el caso de una opción de venta, el activo subyacente puede ser vendido por el titular de la opción al precio de ejercicio. Las opciones se pueden utilizar como herramientas especulativas que permiten a los inversores beneficiarse de los cambios en el precio del activo subyacente o como herramientas de cobertura para protegerse contra fluctuaciones adversas de precios. Los inversores pueden comprar y vender contratos de opciones con diferentes fechas de vencimiento y precios de ejercicio en las bolsas de opciones.

Son contratos de derivados que extraen valor de un activo subyacente, como materias primas, divisas, instrumentos financieros, contratos de futuros y opciones comparables. Los contratos de futuros, a diferencia de las opciones, requieren que las partes compren el activo subyacente o lo vendan a un precio determinado en una fecha preestablecida en el futuro. Los productores y consumidores de materias primas suelen utilizar contratos de futuros para protegerse de las fluctuaciones de los precios y de los especuladores que buscan beneficiarse de los movimientos de precios previstos. Los contratos de futuros se negocian en bolsas de futuros, donde los contratos estandarizados se compran y venden en función de los precios de mercado vigentes.

En resumen, las acciones, los bonos, las opciones y los futuros son los componentes básicos de los mercados financieros modernos, cada uno de los cuales ofrece distintas ventajas y riesgos para los inversores. Las acciones proporcionan participaciones en la propiedad de las empresas y el potencial de revalorización del capital, mientras que los bonos ofrecen flujos de renta fija y preservación del capital. Los valores derivados, como las opciones y los futuros, permiten a los inversores hacer predicciones o protegerse contra los cambios en el valor de los activos subyacentes. Al tener un conocimiento fundamental de los diferentes instrumentos financieros, un inversor puede crear carteras bien diversificadas y adaptadas a sus objetivos de inversión y tolerancia al riesgo.

Principios de Riesgo y Rentabilidad

Los inversores que buscan tomar decisiones acertadas en los mercados financieros deben comprender los conceptos de riesgo y rendimiento. La teoría de la inversión y las técnicas de gestión de carteras se basan en la idea subyacente de que el riesgo y la rentabilidad están relacionados. Si bien el rendimiento indica la posible ganancia o beneficio de una inversión, el riesgo es la imprevisibilidad o incertidumbre de los rendimientos relacionados con esa inversión. El rendimiento potencial esperado de un inversor aumenta con la cantidad de riesgo que asume.

Uno de los principios fundamentales del riesgo y la rentabilidad es el concepto de la disyuntiva riesgo-rentabilidad, que establece que las inversiones con mayores niveles de riesgo suelen ofrecer mayores rendimientos potenciales. En comparación, las inversiones con niveles de riesgo más bajos tienden a proporcionar rendimientos potenciales más bajos. Esta teoría encarna la idea de que los inversores deben recibir una compensación por asumir más riesgo porque hacerlo los expone a la posibilidad de sufrir pérdidas en lugar de la oportunidad de obtener ganancias más significativas. Por ejemplo, invertir en acciones, que son inherentemente más volátiles y están sujetas a las fluctuaciones del mercado, conlleva un mayor nivel de riesgo que invertir en bonos o equivalentes de efectivo. Sin embargo, las acciones también pueden generar mayores rendimientos a largo plazo, ya que ofrecen oportunidades de crecimiento más significativas y la posibilidad de revalorización del capital.

Otro principio de riesgo y rentabilidad es el concepto de diversificación, que ofrece una estrategia segura para reducir el riesgo general de la cartera. Los inversores pueden reducir el impacto de los acontecimientos desfavorables o las caídas del mercado en sus carteras distribuyendo su capital de inversión entre una serie de activos. La diversificación permite a los inversores capturar los beneficios potenciales de las diferentes oportunidades de inversión, al tiempo que minimiza las posibles desventajas asociadas con una sola inversión. Por ejemplo, una cartera bien diversificada puede incluir una combinación de acciones, bonos, bienes raíces e inversiones alternativas, lo que proporciona exposición a una amplia gama de condiciones de mercado y entornos económicos. Esta estrategia puede proporcionar una sensación de seguridad, ya que garantiza que se minimice el impacto del rendimiento de cualquier inversión.

Además, las nociones de horizonte temporal y objetivos de inversión están fuertemente relacionadas con los conceptos de riesgo y rentabilidad. Los horizontes temporales más largos y las tolerancias al riesgo más elevadas permiten a los inversores capear los cambios del mercado y recuperarse de posibles pérdidas, lo que puede llevarles a aceptar niveles de riesgo más significativos en la búsqueda de una perspectiva más amplia hacia atrás. Sin embargo, los inversores con horizontes temporales más cortos u objetivos financieros más centrados, como la financiación de la universidad o la jubilación, pueden valorar más la protección contra las caídas y la preservación del capital que los beneficios máximos. Comprender los objetivos de inversión, la tolerancia al riesgo y el horizonte temporal es crucial para construir una cartera que se alinee con los objetivos financieros y las preferencias personales. Este énfasis en las preferencias personales puede hacer que los inversores se sientan más en control de su futuro financiero, ya que pueden adaptar sus estrategias de inversión a sus necesidades y objetivos individuales.

Además, las variables externas, como las circunstancias del mercado, las tendencias económicas y los acontecimientos geopolíticos, influyen en los conceptos de riesgo y rentabilidad. La volatilidad del mercado, las fluctuaciones de los tipos de interés, las presiones inflacionarias y los cambios normativos pueden afectar a los perfiles de riesgo y rentabilidad de las inversiones, afectando a su rendimiento y a sus posibles resultados. Además, el sentimiento de los inversores, el sentimiento del mercado y los sesgos de comportamiento pueden contribuir a las fluctuaciones de los precios de los activos y a la volatilidad del mercado, lo que complica aún más la relación entre el riesgo y la rentabilidad.

En conclusión, los principios de riesgo y rentabilidad son conceptos fundamentales que dan forma a la toma de decisiones de inversión y a las estrategias de gestión de carteras. Al comprender de forma exhaustiva el equilibrio entre riesgo y rentabilidad, la diversificación, el horizonte temporal y los objetivos de inversión, los inversores pueden crear carteras completas que se correspondan con sus niveles de tolerancia al riesgo y sus ambiciones financieras. Además, al mantener un conocimiento actualizado de los eventos geopolíticos para lograr sus objetivos de inversión, los inversores pueden tomar decisiones acertadas y negociar la complejidad de los mercados financieros con la ayuda de la dinámica del mercado y las tendencias económicas.

Establecimiento de objetivos de inversión y evaluación de la tolerancia al riesgo

Identificar su tolerancia al riesgo y establecer objetivos de inversión son pasos críticos en el proceso de planificación de inversiones, ya que proporcionan una hoja de ruta para que los inversores alineen sus objetivos financieros con sus preferencias de riesgo y estrategias de inversión. Los objetivos de inversión son la base sobre la que los inversores construyen sus carteras, esbozando objetivos e hitos específicos que pretenden alcanzar a lo largo del tiempo. Estos objetivos varían ampliamente según las circunstancias individuales, como la jubilación, la acumulación de riqueza, la financiación de la educación o la planificación del legado. Al definir objetivos de inversión claros y medibles, los inversores pueden establecer un marco para tomar decisiones estratégicas de inversión y supervisar el progreso hacia el logro de los resultados deseados.

Además de establecer objetivos de inversión, la evaluación de la tolerancia al riesgo es igualmente vital para determinar la estrategia de inversión y la asignación de activos adecuadas. La capacidad y la voluntad de un inversor para tolerar los cambios en el valor de sus inversiones y la posibilidad de pérdida se denomina tolerancia al riesgo. Varios factores, incluidas las circunstancias financieras, los objetivos de inversión, el horizonte temporal y los factores psicológicos, como el temperamento y la aversión al riesgo, influyen en ella. Comprender la tolerancia al riesgo es crucial para construir una cartera que equilibre el riesgo y la recompensa, teniendo en cuenta la capacidad del inversor para resistir la volatilidad del mercado y tolerar posibles pérdidas.

Existen varios métodos para evaluar la tolerancia al riesgo, que van desde simples cuestionarios de evaluación del riesgo hasta técnicas de análisis cuantitativo más sofisticadas. Utilizando los instrumentos a su disposición, los inversores pueden evaluar qué tan cómodos se sienten con diferentes riesgos de inversión, como la inflación, el mercado, el crédito y los problemas de liquidez. Los inversores pueden obtener más información sobre su perfil de tolerancia al riesgo y tomar decisiones bien informadas con respecto a la asignación de activos y la construcción de carteras teniendo en cuenta variables como la estabilidad de los ingresos, las demandas de liquidez, la experiencia de inversión y la resiliencia emocional.

Los inversores pueden crear una estrategia de inversión personalizada que se adapte a sus circunstancias y preferencias una vez que se hayan determinado sus objetivos de inversión y tolerancia al riesgo. Este plan suele incluir objetivos estratégicos de asignación de activos, estrategias de diversificación, criterios de selección de inversiones y directrices de gestión de riesgos. Con base en el horizonte temporal de un inversionista y la relación riesgo-rendimiento deseada, la asignación estratégica de activos identifica la mejor combinación de tipos de activos, incluidos bonos, acciones y activos alternativos inmobiliarios. Las técnicas de diversificación tienen como objetivo distribuir los fondos de inversión entre diferentes tipos de activos para reducir el riesgo de la cartera y mejorar los rendimientos ajustados al riesgo. Los criterios de selección de inversiones, por otro lado, señalan ciertos activos o vehículos que se ajustan a los objetivos y la tolerancia al riesgo del inversor.

La gestión de riesgos es una parte crucial del proceso de planificación de inversiones, ya que proporciona una sensación de seguridad al ayudar a mitigar las pérdidas potenciales y preservar el capital en condiciones adversas del mercado. Esto puede implicar la implementación de medidas de control de riesgos, como órdenes de stop-loss, estrategias de cobertura y reequilibrio de la asignación de activos para limitar el riesgo a la baja y protegerse contra eventos inesperados del mercado. Es posible que se preocupe menos por las posibles pérdidas si implementa estas medidas de seguridad y sabe que tiene planes para proteger sus inversiones. Además, puede mantenerse en el camino correcto para cumplir con sus objetivos financieros a largo plazo adhiriéndose a un enfoque de inversión disciplinado, manteniéndose al día con los desarrollos del mercado y evaluando y modificando rutinariamente el plan de inversión. Estas acciones también te ayudarán a manejar las condiciones cambiantes del mercado.

En conclusión, el establecimiento de objetivos de inversión y la evaluación de la tolerancia al riesgo son pasos fundamentales en la planificación de inversiones, ya que proporcionan a los inversores claridad, dirección y confianza para perseguir sus objetivos financieros. Los inversores pueden crear un plan de inversión personalizado que se adapte a sus necesidades, preferencias y tolerancia al riesgo estableciendo objetivos financieros específicos y alcanzables y conociendo esos objetivos. Además, los inversores pueden sortear con éxito las complejidades de los mercados financieros y alcanzar el éxito a largo plazo si se adhieren a un enfoque proactivo y disciplinado de la gestión de carteras, evaluaciones periódicas de los objetivos y de tolerancia al riesgo, y un seguimiento continuo.

CAPÍTULO II

Fundamentos económicos y análisis de Mercado

Indicadores macroeconómicos y su impacto en el Mercado

Los indicadores macroeconómicos, la brújula del mundo financiero, permiten a los inversores, los responsables de la formulación de políticas y los analistas navegar por el complejo terreno de la economía. Estos indicadores, un rico tapiz de datos económicos, iluminan varios aspectos de la actividad económica, como el crecimiento, la inflación, el empleo y la confianza del consumidor. Al monitorear de cerca estos indicadores, podemos evaluar el estado general de la economía, identificar tendencias emergentes y anticipar posibles cambios en la dinámica del mercado, tomando así decisiones informadas sobre la asignación de activos, las estrategias de inversión y la gestión de riesgos.

El Producto Interno Bruto (PIB), el faro de la salud económica, es el indicador macroeconómico más ampliamente reconocido y seguido de cerca. Muestra la cantidad total de bienes y servicios generados durante un período determinado dentro de las fronteras de una nación. Un PIB en crecimiento indica una economía saludable y en expansión, mientras que un PIB en contracción puede indicar contracción económica o recesión. Al prestar mucha atención a los informes del PIB, los inversores pueden medir el ritmo del crecimiento económico y anticipar los cambios en las ganancias corporativas, el gasto de los consumidores y la actividad de inversión, obteniendo así una imagen más clara del panorama financiero.

La inflación es otro indicador macroeconómico crítico con implicaciones significativas para los mercados financieros y las decisiones de inversión. La tasa a la que los precios de los bienes y servicios generalmente aumentan con el tiempo se denomina inflación. A menudo se piensa que una economía sana tiene una inflación moderada, lo que refleja la expansión de la demanda y el crecimiento económico. Sin embargo, una inflación elevada o acelerada puede erosionar el poder adquisitivo, reducir los rendimientos reales de las inversiones y llevar a los bancos centrales a endurecer la política monetaria para controlar las presiones inflacionarias. Los inversores siguen de cerca los datos de inflación, como el Índice de Precios al Consumo (IPC) y el Índice de Precios al Productor (IPP), para evaluar las tendencias inflacionistas y ajustar sus estrategias de inversión en consecuencia.

Los indicadores de empleo, como la tasa de desempleo y los datos de nóminas no agrícolas, proporcionan información sobre las condiciones del mercado laboral y los patrones de gasto de los consumidores. El porcentaje de la fuerza laboral que está desempleada y busca trabajo activamente se mide por la tasa de desempleo, que es un indicador del estado del mercado laboral en general. Por otro lado, los datos de nóminas no agrícolas miden el cambio en el número de puestos de trabajo añadidos o perdidos en la economía, excluyendo el empleo en el sector agrícola. Los datos de empleo actuales, caracterizados por un bajo desempleo y una sólida creación de puestos de trabajo, suelen indicar una economía sana con un aumento de la confianza y el gasto de los consumidores. Por el contrario, el aumento del desempleo o la pérdida de puestos de trabajo pueden indicar debilidad económica y afectar negativamente a la confianza de los consumidores y a los hábitos de gasto.

Los indicadores de confianza y sentimiento del consumidor ofrecen información valiosa sobre el comportamiento y los patrones de gasto de los consumidores, los impulsores críticos de la actividad económica y las ganancias corporativas. Las encuestas de confianza del consumidor, como el Índice de Confianza del Consumidor del Conference Board y el Índice de Sentimiento del Consumidor de la Universidad de Michigan, se utilizan para medir las expectativas de los consumidores para el futuro y las opiniones sobre el estado de la economía. Los elevados niveles de confianza de los consumidores suelen dar lugar a un aumento del gasto de los consumidores, lo que impulsa los beneficios de las empresas y el valor de las acciones. Por el contrario, la disminución de la confianza de los consumidores puede indicar un comportamiento cauteloso, lo que lleva a los consumidores a reducir el gasto y ahorrar más, lo que frena el crecimiento económico y la confianza del mercado.

Las decisiones de política monetaria adoptadas por los bancos centrales y los tipos de interés influyen notablemente en el sentimiento de los inversores y en los mercados financieros. Los bancos centrales, como la Reserva Federal de EE. UU., utilizan medidas de política económica, como los ajustes de las tasas de interés y la flexibilización cuantitativa, para afectar el empleo, la inflación y el crecimiento económico. Las fluctuaciones de los tipos de interés pueden afectar a los costes de los préstamos, a los rendimientos de las inversiones y a las valoraciones de los activos en varias clases de activos, como los bonos, las acciones y los bienes inmuebles. Insinúa las posibles acciones futuras de política monetaria que los bancos centrales pueden proporcionar a través de sus anuncios y declaraciones de política, lo que influye en las expectativas de los inversores y las decisiones de inversión.

Los acontecimientos geopolíticos y los patrones macroeconómicos mundiales influyen significativamente en el estado de ánimo del mercado, y el comportamiento de los inversores y las decisiones políticas en economías importantes, como China, Europa y Japón, pueden tener efectos indirectos en los mercados financieros mundiales y en la dinámica comercial. Los acontecimientos geopolíticos, como las tensiones geopolíticas, las disputas comerciales y los conflictos geopolíticos, pueden crear incertidumbre y volatilidad en los mercados financieros, lo que afecta al apetito por el riesgo de los inversores y a los precios de los activos. Como resultado, los inversores suelen tener en cuenta las tendencias macroeconómicas mundiales y los riesgos geopolíticos a la hora de formular estrategias de inversión y gestionar el riesgo de la cartera.

En conclusión, los indicadores macroeconómicos no son solo herramientas, sino escudos y espadas en manos de los inversionistas, los formuladores de políticas y los analistas. Podemos utilizar su información perspicaz para hacer juicios bien informados sobre la asignación de activos, las estrategias de inversión y la gestión de riesgos. Proporcionan información esencial sobre el sentimiento del consumidor, las circunstancias del mercado laboral, las presiones inflacionarias y la actividad económica. Al comprender el impacto de estos indicadores en los mercados financieros y mantenernos informados sobre las tendencias y desarrollos económicos clave, podemos navegar por la volatilidad del mercado, identificar oportunidades de inversión y alcanzar nuestros objetivos financieros a largo plazo, fortaleciendo así nuestra seguridad y preparación financiera.

Factores microeconómicos y análisis de la industria

Los factores microeconómicos y el análisis de la industria no solo son importantes, sino que son la base misma de las decisiones de inversión y las estrategias de gestión de carteras. Proporcionan a los inversores información crucial sobre el rendimiento, la dinámica competitiva y las perspectivas de crecimiento de empresas y sectores específicos. A diferencia de los indicadores macroeconómicos, que se centran en tendencias económicas y agregados más amplios, los factores microeconómicos profundizan en los impulsores y determinantes particulares de la oferta y la demanda dentro de los mercados e industrias individuales.

El análisis de la industria implica evaluar el panorama competitivo, la estructura del mercado y el entorno operativo de una industria en particular para evaluar su atractivo y potencial de inversión. El análisis de la industria considera las barreras de entrada, el poder de negociación de compradores y proveedores, la amenaza de sustitutos y la rivalidad competitiva entre las empresas existentes. Al comprender estos factores, los inversores pueden identificar las industrias con perspectivas de crecimiento favorables y ventajas competitivas y las industrias que enfrentan desafíos o cambios estructurales que pueden afectar la rentabilidad futura.

Además, los factores microeconómicos, como los fundamentos específicos de la empresa, el rendimiento financiero y la calidad de la gestión, son fundamentales en el análisis de las inversiones y la toma de decisiones. El análisis fundamental implica evaluar la salud financiera, las perspectivas de crecimiento, la rentabilidad y las métricas de valoración de una empresa para determinar su valor intrínseco y su potencial de inversión. Las métricas económicas clave analizadas en el análisis fundamental incluyen el crecimiento de los ingresos, las ganancias por acción (BPA), los márgenes de beneficio, el rendimiento del capital (ROE) y los niveles de deuda. Al llevar a cabo un análisis fundamental exhaustivo, los inversores pueden identificar empresas de alta calidad con sólidas posiciones competitivas, perspectivas de crecimiento sostenible y valoraciones atractivas.

No se trata solo de los números. En el análisis microeconómico, los factores cualitativos como la calidad de la gestión, el gobierno corporativo y el liderazgo de la industria son igualmente importantes. Los equipos de gestión eficaces con una visión estratégica clara, un historial probado y políticas favorables a los accionistas pueden impulsar la creación de valor a largo plazo y la rentabilidad para los accionistas. La evaluación de la calidad de la gestión implica la evaluación de factores como el liderazgo ejecutivo, la eficiencia operativa, las decisiones de asignación de capital y la transparencia en la información financiera. Además, el liderazgo en la industria y el posicionamiento competitivo son determinantes críticos de la capacidad de una empresa para generar ganancias sostenibles y superar a los competidores a lo largo del tiempo.

Además, la innovación tecnológica, las tendencias disruptivas y los desarrollos regulatorios son factores microeconómicos clave que pueden dar forma a la dinámica de la industria y al rendimiento de las empresas. Las innovaciones tecnológicas que están cambiando los modelos de negocio establecidos y abriendo nuevas vías para la innovación y la expansión incluyen la computación en la nube, el análisis de big data y la inteligencia artificial. Las empresas están mejor posicionadas para aprovechar las últimas tendencias y obtener una ventaja competitiva en sus respectivas industrias cuando adoptan la innovación tecnológica y se ajustan a la dinámica cambiante del mercado. Además, las modificaciones a las reglas específicas de la industria, las leyes fiscales o los estándares ambientales pueden afectar los gastos operativos, la rentabilidad y las necesidades de cumplimiento de una empresa si opera en un sector regulado.

Además, el comportamiento del consumidor, las tendencias del mercado y las estrategias de diferenciación de productos son factores microeconómicos importantes que influyen en la dinámica de la industria y el posicionamiento competitivo. Comprender las preferencias de los consumidores, el comportamiento de compra y la lealtad a la marca puede ayudar a los inversores a identificar empresas con una fuerte demanda de clientes y cuota de mercado. Además, el análisis de las tendencias del mercado, como los cambios demográficos, los cambios en el estilo de vida y las preferencias emergentes de los consumidores, puede proporcionar información sobre las oportunidades de crecimiento futuro y el potencial del mercado. Las empresas que logren diferenciarse de la competencia y adaptarse a las preferencias cambiantes de los consumidores estarán en mejores condiciones de aumentar su cuota de mercado y mantener una ventaja competitiva sostenida.

En conclusión, los factores microeconómicos y el análisis de la industria son esenciales para la investigación de inversiones y la toma de decisiones, ya que brindan a los inversores información sobre los fundamentos específicos de la empresa, la dinámica de la industria y el posicionamiento competitivo. Al examinar exhaustivamente la dinámica del mercado, los fundamentos de la empresa, las tendencias de la industria y el calibre de la gestión, los inversores pueden discernir vías favorables para la inversión, minimizar los riesgos y construir carteras diversificadas alineadas con su tolerancia al riesgo y sus objetivos. Además, mantenerse al día con las tecnologías disruptivas, las nuevas tendencias y los desarrollos regulatorios puede ayudar a los inversores a beneficiarse de las posibilidades de inversión en mercados dinámicos y en constante cambio al prever los cambios en el mercado.

Análisis Fundamental: Evaluación del Desempeño de la Empresa

La base de la investigación de inversiones es el análisis fundamental, que proporciona a los inversores un marco sistemático para evaluar el valor subyacente, el potencial de crecimiento y la estabilidad financiera de una empresa. En esencia, el estudio fundamental implica analizar los estados financieros, las operaciones comerciales, la posición de la industria y las ventajas competitivas de una empresa para evaluar su potencial de inversión y determinar su valor justo de mercado. Al examinar las métricas financieras críticas, los factores cualitativos y la dinámica de la industria, los inversores pueden obtener información sobre el rendimiento, la rentabilidad y las perspectivas de crecimiento de una empresa, lo que les permite tomar decisiones de inversión informadas.

El examen de los estados financieros, como el estado de flujo de efectivo, el balance general y el estado de resultados, es uno de los principios centrales del análisis fundamental. Estos registros proporcionan un resumen completo de la liquidez, la solvencia y el rendimiento financiero de una organización. Los inversores pueden evaluar la rentabilidad y la eficiencia operativa de una empresa mirando el estado de resultados, que muestra las ventas, los costos y los ingresos netos de la empresa durante un período determinado. Los activos, pasivos y patrimonio neto de una empresa se muestran en un balance general, que también muestra la estructura de capital y el estado financiero de la empresa en un momento específico. La capacidad de la empresa para recaudar dinero de las actividades operativas, financiar inversiones y pagar deudas se destaca en el estado de flujo de efectivo, que monitorea el efectivo que entra y sale del negocio. Al examinar estos estados financieros, los inversores pueden evaluar la estabilidad financiera, las perspectivas de crecimiento y la capacidad de una empresa para producir rendimientos a largo plazo para los accionistas.

La comprensión de los factores cualitativos es una ventaja estratégica en el análisis fundamental. Implica evaluar la calidad de la gestión, la dinámica de la industria y el posicionamiento competitivo. Los equipos de gestión eficaces con una visión estratégica clara, experiencia operativa y políticas favorables a los accionistas pueden impulsar la creación de valor a largo plazo y la rentabilidad para los accionistas. Al evaluar la calidad de la gestión en función de factores como el liderazgo ejecutivo, las prácticas de gobierno corporativo, las decisiones de asignación de capital y la transparencia en la información financiera, los inversores obtienen una visión más profunda del potencial de una empresa. Además, el análisis de la industria implica evaluar el panorama competitivo, la estructura del mercado y las perspectivas de crecimiento de una industria en particular, proporcionando a los inversores una visión estratégica de su atractivo y potencial de inversión. Al comprender estos factores cualitativos, los inversores pueden sentirse perspicaces y estratégicos, obteniendo información sobre las ventajas competitivas de una empresa, el potencial de crecimiento y la capacidad de superar a los competidores a lo largo del tiempo.

Además, el análisis fundamental implica la evaluación de métricas y ratios financieros críticos para medir el rendimiento y la valoración de una empresa. Las métricas financieras estándar analizadas en el análisis fundamental incluyen el crecimiento de los ingresos, las ganancias por acción (BPA), los márgenes de beneficio, el rendimiento del capital (ROE) y los niveles de deuda. La tasa a la que aumentan las ventas de una empresa con el tiempo se conoce como crecimiento de los ingresos, y muestra lo bien que la empresa puede aumentar sus ingresos y ganar cuota de mercado. Un indicador importante de la rentabilidad y la generación de valor para los accionistas es el beneficio por acción (BPA), el porcentaje del beneficio de una empresa que se da a cada acción ordinaria en circulación. Mientras que el ROE mide la capacidad de una empresa para proporcionar rendimientos a los accionistas en comparación con el capital social invertido, los márgenes de beneficio muestran lo bien que una empresa convierte las ventas en beneficios. Además, los niveles y ratios de endeudamiento de una empresa revelan su apalancamiento financiero y solvencia, ofreciendo información sobre su perfil de riesgo y su capacidad para devolver los préstamos.

Además, el análisis fundamental incluye el cálculo del valor intrínseco de una empresa y la evaluación de su valoración en relación con su precio de mercado actual. Los métodos de valor, incluidos el análisis precio-beneficio (P/E), precio-valor contable (P/B) y flujo de caja descontado (DCF), se emplean con frecuencia para determinar el valor justo de mercado de una empresa y evaluar el atractivo de inversión de la empresa. En un análisis de DCF, los flujos de efectivo futuros se proyectan para una empresa y luego se descuentan a una tasa que tiene en cuenta el valor del dinero en el tiempo y el perfil de riesgo de la empresa para llegar al valor presente. La relación P/E compara el precio actual de las acciones de una empresa con sus ganancias por acción, midiendo su valoración en relación con sus ganancias. La relación P/B compara el precio actual de las acciones de una empresa con su valor contable por acción, lo que indica su valoración en relación con sus activos netos. Al comparar el valor intrínseco de una empresa con su precio de mercado actual, los inversores pueden identificar acciones infravaloradas o sobrevaloradas y tomar decisiones de inversión informadas.

En conclusión, el análisis fundamental no es solo un enfoque integral para evaluar el rendimiento, la rentabilidad y la valoración de la empresa. Es una herramienta que reconforta a los inversores proporcionándoles información detallada sobre la estabilidad financiera, el potencial de crecimiento futuro y las posibilidades de inversión de una empresa.

Mediante el análisis de los estados financieros, la evaluación de factores cualitativos y la estimación del valor intrínseco, los inversores pueden identificar empresas de alta calidad con sólidas posiciones competitivas, perspectivas de crecimiento sostenible y valoraciones atractivas. Además, el análisis fundamental es una guía que permite a los inversores tomar decisiones de inversión informadas, crear carteras bien diversificadas y, en última instancia, alcanzar sus objetivos financieros a largo plazo, proporcionando una sensación de tranquilidad y confianza en su estrategia de inversión.

Análisis Técnico: Patrones de Gráficos, Indicadores y Herramientas

Los traders e inversores utilizan el análisis técnico para evaluar los valores y determinar su próximo curso de acción mediante la búsqueda de tendencias y patrones estadísticos en los datos de precios y volúmenes anteriores. Fundamentalmente, el análisis técnico se basa en la idea de que los cambios históricos de precios y el volumen de operaciones pueden ofrecer pistas importantes sobre las tendencias futuras de los precios y la dinámica del mercado. Los analistas técnicos tienen como objetivo predecir las tendencias de los precios, encontrar posibles puntos de entrada y salida, y gestionar con éxito el riesgo examinando los gráficos de precios, viendo los patrones de los gráficos y utilizando indicadores y herramientas técnicas.

Los patrones gráficos son una herramienta fundamental en el análisis técnico; Son representaciones gráficas de las fluctuaciones de precios a lo largo del tiempo. Estas tendencias pueden ofrecer información perspicaz sobre el estado de ánimo del mercado, la mecánica de la oferta y la demanda, y las futuras reversiones o continuaciones de precios. Los triángulos, los patrones de cabeza y hombros, los niveles de soporte y resistencia y las líneas de tendencia son patrones gráficos comunes. La dirección y la fuerza de una tendencia se muestran mediante líneas de tendencia, que se crean uniendo máximos o mínimos consecutivos en una serie de precios. Los niveles de soporte y resistencia son líneas horizontales que actúan como obstáculos para el movimiento de los precios al indicar las ubicaciones donde se prevé que se concentre la presión de compra o venta. Los triángulos y los patrones de cabeza y hombros proporcionan a los traders consejos para entrar o salir de posiciones en función del movimiento del precio, señalando probables cambios o continuaciones de la tendencia.

Los indicadores técnicos evalúan las tendencias del mercado, el impulso y la volatilidad mediante cálculos matemáticos basados en datos de precios y volúmenes. Estos indicadores brindan a los traders mediciones imparciales de la fortaleza o debilidad del mercado, ayudándolos a tomar decisiones comerciales acertadas. Estos son ejemplos de medias móviles, osciladores estocásticos, índice de fuerza relativa (RSI) y la media móvil. Ejemplos de ello son los indicadores técnicos comunes de convergencia y divergencia (MACD). Durante un período específico, las medias móviles suavizan las variaciones de precios y proporcionan señales de seguimiento de tendencias y niveles de soporte y resistencia. El RSI y los osciladores estocásticos miden la velocidad y la magnitud de los movimientos de precios, lo que indica condiciones de sobrecompra o sobreventa en el mercado. El MACD mide la convergencia y divergencia de las medias móviles, proporcionando señales de posibles cambios o continuaciones de tendencias.

Los analistas técnicos emplean diversas herramientas y estrategias, además de los patrones gráficos y los indicadores técnicos, para fortalecer su investigación y aumentar el rendimiento comercial. Los patrones de velas, el análisis de volumen, los retrocesos de Fibonacci y el software de gráficos son algunos ejemplos de estas herramientas. Basándose en el porcentaje de retroceso de un movimiento de precios anterior, los retrocesos de Fibonacci, basados en la secuencia de Fibonacci, se utilizan para determinar los posibles niveles de soporte y resistencia. Los patrones de velas representan visualmente la acción del precio durante un período específico, lo que indica el sentimiento del mercado y las posibles reversiones o continuaciones. El análisis de volumen examina los volúmenes de negociación junto con los movimientos de precios para evaluar la fuerza y la convicción de los participantes en el mercado, confirmando o divergiendo de las tendencias de precios.

Además, las plataformas de software de gráficos proporcionan herramientas y funcionalidades avanzadas para el análisis técnico, lo que permite a los operadores personalizar gráficos, superponer múltiples indicadores y realizar análisis sofisticados. Con la ayuda de la amplia selección de estilos de gráficos, marcos temporales y herramientas de dibujo de estas plataformas, los operadores pueden ver de forma clara y precisa las tendencias y patrones del mercado. Además, el software de gráficos a menudo incluye funciones como capacidades de backtesting, notificaciones de alerta y algoritmos de reconocimiento de patrones, lo que mejora aún más el control de los operadores sobre su análisis y les permite identificar oportunidades comerciales de alta probabilidad y optimizar sus estrategias comerciales.

En resumen, el análisis técnico es un potente instrumento utilizado por una gran comunidad de traders e inversores para evaluar las oportunidades de trading al contado de acciones y gestionar con éxito el riesgo. Los analistas de llamadas técnicas analizan los gráficos de precios, buscan patrones y utilizan indicadores técnicos y herramientas para pronosticar los movimientos de precios, encontrar posibles ubicaciones de entrada y salida y mejorar sus técnicas de negociación. A pesar de sus inconvenientes y detractores, el análisis técnico es muy utilizado en el mercado y tiene mucho poder. Ofrece a los operadores un lenguaje común, un conocimiento profundo de la actividad del mercado y posibilidades rentables.

Análisis de sentimientos: Comprender la psicología del Mercado

El análisis de sentimiento es una rama del análisis de mercado que se centra en comprender e interpretar la psicología del mercado, el sentimiento de los inversores y las emociones colectivas para obtener información sobre las tendencias del mercado y los posibles movimientos de precios. A diferencia del análisis fundamental, que se basa en datos objetivos y métricas financieras, el análisis de sentimiento busca medir los estados de ánimo, sentimientos y emociones de los participantes del mercado a través de medidas cualitativas y subjetivas. Al evaluar los indicadores de sentimiento, las encuestas de sentimiento y la dinámica del mercado impulsada por el sentimiento, los profesionales del análisis de sentimiento tienen como objetivo identificar los extremos de sentimiento, los cambios de sentimiento y las oportunidades contrarias en el mercado.

Uno de los componentes críticos del análisis de sentimiento son los indicadores de sentimiento, que son medidas cuantitativas del sentimiento del mercado basadas en factores como el posicionamiento de los inversores, la amplitud del mercado y los movimientos de precios impulsados por el sentimiento. Estos indicadores proporcionan información sobre el sentimiento predominante entre los participantes del mercado, lo que ayuda a los operadores a medir el nivel de optimismo o pesimismo en el mercado. Los indicadores de sentimiento más comunes son la relación put/call, el índice de volatilidad (VIX) y la línea de avance/descenso. La relación put/call mide la proporción de opciones put-to-call negociadas en un determinado valor o índice, lo que proporciona una idea del nivel de optimismo o pesimismo entre los traders de opciones. El VIX, también conocido como el "indicador del miedo", mide la volatilidad implícita en el mercado de opciones, reflejando las expectativas de los inversores sobre la volatilidad futura del mercado. La línea de avance/descenso rastrea el número de acciones que avanzan frente a las acciones que disminuyen en un índice de mercado en particular, lo que proporciona información sobre la amplitud y la fuerza de las tendencias del mercado.

Las encuestas de sentimiento son una herramienta poderosa en el análisis de sentimientos, ya que proporcionan datos en tiempo real sobre el sentimiento de los inversores y las expectativas del mercado. Estas encuestas recopilan información de inversores individuales, inversores institucionales y profesionales del mercado, que reflejan sus puntos de vista, perspectivas y sentimiento hacia el mercado y clases de activos específicas. Algunos ejemplos comunes de encuestas de sentimiento son las realizadas por Investors Intelligence y la Asociación Nacional de Inversores Individuales (AAII) y la Asociación de Gestores de Inversiones Activos (NAAIM). Estas encuestas ofrecen información valiosa sobre los extremos de sentimiento, los cambios de sentimiento y las posibles oportunidades contrarias en el mercado, ya que los niveles extremos de optimismo o tendencia bajista entre los participantes de la encuesta pueden indicar posibles reversiones del mercado o continuaciones de tendencias.

La dinámica del mercado impulsada por el sentimiento es una fuerza impulsora detrás de las tendencias del mercado y los movimientos de precios. El sentimiento de los inversores puede desencadenar una presión de compra o venta, influyendo significativamente en el comportamiento del mercado. Una variedad de factores, incluida la publicación de datos económicos, los informes de ganancias corporativas, los eventos geopolíticos y los titulares de noticias, pueden dar forma al sentimiento del mercado. Las noticias y los acontecimientos positivos pueden alimentar el optimismo y el sentimiento alcista, lo que lleva a un interés de compra y a un impulso alcista de los precios. Por el contrario, las noticias y los acontecimientos negativos pueden provocar miedo y pesimismo, lo que desencadena una presión de venta y movimientos de precios a la baja. Como resultado, la dinámica del mercado impulsada por el sentimiento puede crear oportunidades para que los traders aprovechen los extremos de sentimiento y los cambios de sentimiento en el mercado, lo que demuestra la aplicación práctica del análisis de sentimiento en los mercados financieros.

Además, el análisis de sentimiento incorpora principios de finanzas conductuales y sesgos psicológicos para comprender cómo las emociones humanas y los sesgos cognitivos influyen en las decisiones de inversión y los resultados del mercado. Las finanzas conductuales estudian cómo factores psicológicos como el exceso de confianza, el comportamiento gregario y la aversión a la pérdida pueden conducir a una toma de decisiones irracional e ineficiencias del mercado. Al reconocer estos patrones de comportamiento y sesgos, los analistas de sentimiento pueden anticipar las reacciones del mercado, identificar posibles anomalías y explotar los activos mal valorados. Además, el análisis de sentimiento también tiene en cuenta el impacto de las redes sociales, los foros en línea y el sentimiento de las noticias en el sentimiento del mercado, ya que estas plataformas pueden amplificar y difundir narrativas basadas en el sentimiento y rumores del mercado, influyendo en el sentimiento de los inversores y la dinámica del mercado.

En resumen, el análisis de sentimiento es un instrumento valioso que los traders e inversores utilizan para predecir las tendencias del mercado y los movimientos de precios, analizar la psicología del mercado y medir el estado de ánimo de los inversores.

Mediante el análisis de indicadores de sentimiento, encuestas de sentimiento y dinámicas de mercado impulsadas por el sentimiento, los profesionales del análisis de sentimiento buscan identificar los extremos de sentimiento, los cambios de sentimiento y las oportunidades contrarias en el mercado. Si bien el análisis de sentimiento tiene sus limitaciones y desafíos, como la subjetividad de las medidas de sentimiento y la influencia del ruido y la manipulación en los mercados impulsados por el sentimiento, sigue siendo un enfoque valioso para el análisis de mercado, ya que proporciona información sobre las emociones y el comportamiento colectivo de los participantes en el mercado.

CAPÍTULO III

Construir una cartera diversa y resiliente

Estrategias de asignación de activos: acciones, bonos, bienes raíces, materias primas

La asignación de activos, un componente crítico de la gestión de carteras, implica dividir el capital de inversión entre diferentes clases de activos como acciones, bonos, bienes raíces y materias primas. El objetivo de esta táctica, conocida como asignación estratégica de activos, es maximizar los rendimientos ajustados al riesgo al tiempo que proporciona las ventajas de la diversificación. Al asignar estratégicamente los activos en varias clases, cada una con sus características únicas y beneficios potenciales, los inversores pueden gestionar eficazmente el riesgo de la cartera, mejorar los rendimientos y trabajar para alcanzar sus objetivos financieros a largo plazo. Este enfoque proporciona una sensación de seguridad, ya que ayuda a los inversores a construir carteras sólidas capaces de capear diversas condiciones del mercado y lograr el éxito a largo plazo.

Las acciones, o acciones, representan participaciones en
la propiedad de empresas que cotizan en bolsa y son conocidas por su potencial para generar revalorización del capital y crecimiento a largo plazo. En el pasado, la renta variable ha generado mayores rendimientos a largo plazo que otros tipos de activos, pero también conlleva un mayor riesgo y volatilidad. Los inversores

pueden comprometer una parte de su cartera en acciones para aprovechar el potencial de crecimiento del mercado de valores y contribuir a la expansión económica. Entre las diversas estrategias bursátiles se encuentran las acciones que pagan dividendos, que ofrecen pagos de dividendos regularmente; acciones de valor, que están baratas en cuanto a sus fundamentos; y las acciones de crecimiento, que se concentran en negocios con un potencial significativo para el desarrollo de las ganancias. Los inversores pueden sentirse más optimistas sobre su futuro financiero debido a la posibilidad de crecimiento a largo plazo y producción de ingresos.

Los bonos, o valores de renta fija, representan obligaciones de deuda emitidas por gobiernos, municipios o corporaciones para recaudar capital. Los bonos son conocidos por su potencial de generación de ingresos y sus características de preservación del capital, lo que los convierte en opciones atractivas para los inversores que buscan estabilidad e ingresos. Por lo general, los bonos rinden menos que las acciones, pero tienen menor volatilidad y riesgo. Los inversores pueden asignar una parte de su cartera a bonos para generar ingresos constantes, preservar el capital y diversificar el riesgo. Los diferentes tipos de bonos incluyen bonos del gobierno, que están respaldados por el crédito del gobierno; bonos corporativos, que son emitidos por corporaciones para financiar operaciones; y bonos municipales, que los gobiernos estatales y locales emiten para financiar proyectos públicos.

Invertir en bienes raíces implica mantener activos reales como casas, apartamentos o terrenos e inversiones indirectas realizadas a través de fondos mutuos o fideicomisos de inversión en bienes raíces (REIT). El crecimiento del capital a largo plazo, los ingresos por alquiler y la diversificación de la cartera son posibles con el sector inmobiliario. Las inversiones inmobiliarias son conocidas por sus propiedades de cobertura contra la inflación y su baja correlación con las clases de activos tradicionales, como las acciones y los bonos, lo que las convierte en opciones atractivas para los inversores que buscan beneficios de diversificación. Los inversores pueden asignar una parte de su cartera a bienes raíces para generar ingresos pasivos, protegerse contra la inflación y capitalizar las oportunidades en el mercado inmobiliario.

Las materias primas incluyen oro, plata, petróleo, gas natural y tierras de cultivo; Son materias primas o productos agrícolas primarios que se venden en las bolsas de materias primas. Las materias primas pueden actuar como una devaluación de la moneda y la inflación, ofreciendo ganancias potenciales a través de la apreciación de los precios. Las materias primas también proporcionan beneficios de diversificación y pueden ayudar a reducir la volatilidad de la cartera al exhibir una baja correlación con las clases de activos tradicionales. Los inversores pueden asignar una parte de su cartera a las materias primas para diversificar el riesgo, protegerse contra la inflación y capitalizar las tendencias de los precios de las materias primas. Los diferentes vehículos de inversión dentro de las materias primas incluyen los contratos de futuros de materias primas, los fondos cotizados en bolsa (ETF) y los fondos mutuos centrados en las materias primas.

En resumen, las estrategias de asignación de activos implican dividir el capital de inversión entre diferentes clases de activos para lograr rendimientos óptimos ajustados al riesgo y beneficios de diversificación. Los inversores pueden gestionar el riesgo de la cartera, mejorar los rendimientos y alcanzar los objetivos financieros a largo plazo mediante la asignación estratégica de activos en acciones, bonos, bienes raíces y materias primas. Los inversores suelen utilizar diversas técnicas de asignación de activos en función de sus objetivos de inversión, su tolerancia al riesgo y su horizonte temporal. Cada clase de activo tiene sus cualidades únicas y posibles ventajas. Al comprender las funciones de cada clase de activos y utilizar un enfoque de cartera completo, los inversores pueden construir carteras resilientes que puedan soportar diversas circunstancias de mercado y conducir a una prosperidad sostenida.

Técnicas de diversificación: diversificación geográfica, sectorial y de clases de activos

Un componente clave de la gestión de carteras es la diversificación, que implica la asignación de capital de inversión a una serie de activos, mercados, industrias y clases de activos para reducir el riesgo total de la cartera y mejorar los rendimientos ajustados al riesgo. La diversificación de la inversión permite a los inversores aprovechar las posibles oportunidades de crecimiento que presentan los diferentes segmentos del mercado, al tiempo que reduce el impacto de los acontecimientos desfavorables o las fluctuaciones del mercado en sus carteras. Las técnicas de diversificación incluyen la diversidad de clases de activos, sectoriales y geográficas; Cada uno de ellos ofrece ventajas y oportunidades especiales para la optimización de la cartera.

Para reducir la exposición a los peligros exclusivos de una nación determinada y aprovechar las posibilidades de los mercados internacionales, la diversificación geográfica implica invertir en valores o activos en varias regiones o países. Los inversores pueden atenuar los efectos de las recesiones económicas locales, los entornos políticos inestables, las fluctuaciones monetarias y los cambios en las regulaciones de sus carteras mediante la diversificación en diferentes industrias. Además, la diversificación geográfica aumenta la resiliencia de la cartera y los posibles rendimientos al dar a los inversores acceso a diversas condiciones de mercado, ciclos económicos y oportunidades de crecimiento. Invertir en acciones extranjeras, fondos mutuos internacionales, fondos cotizados en bolsa (ETF) o empresas multinacionales con actividades en todo el mundo son formas en que los inversores pueden diversificar geográficamente sus participaciones.

La diversificación sectorial implica invertir en valores o activos en diferentes sectores industriales para reducir los riesgos y beneficiarse de las oportunidades de crecimiento específicas del sector. Al diversificar entre sectores, los inversores pueden mitigar el impacto de eventos específicos del sector en su cartera, como cambios regulatorios, disrupciones tecnológicas o cambios en las preferencias de los consumidores. Además, la diversificación sectorial expone a los inversores a diversos sectores con diferentes perspectivas de crecimiento, ciclos económicos y perfiles de riesgo, lo que mejora la resiliencia de la cartera y los rendimientos potenciales. Los inversores pueden diversificarse sectorialmente invirtiendo en fondos mutuos sectoriales, ETF o acciones individuales en tecnología, atención médica, consumo discrecional, finanzas e industrias.

La diversificación de clases de activos implica invertir en diferentes clases de activos, como acciones, bonos, bienes raíces y materias primas, para lograr rendimientos óptimos ajustados al riesgo y beneficios de diversificación. Los inversores pueden reducir la volatilidad de la cartera, mejorar los rendimientos ajustados al riesgo y aprovechar las oportunidades en diversas condiciones del mercado mediante la diversificación entre clases de activos. Además, la diversificación de clases de activos permite a los inversores protegerse contra riesgos de mercado específicos asociados a cada clase de activos, como la volatilidad del mercado de valores, el riesgo de tipos de interés, el riesgo de inflación y el riesgo de divisas. Los inversores pueden diversificar entre clases de activos asignando su capital de inversión entre acciones, bonos, fideicomisos de inversión inmobiliaria (REIT), materias primas e inversiones alternativas como fondos de cobertura o capital privado.

En general, las técnicas de diversificación, como la diversificación geográfica, sectorial y de clases de activos, son herramientas esenciales para la optimización de carteras y la gestión de riesgos. Al distribuir el capital de inversión entre diferentes activos, regiones geográficas, sectores y clases de activos, los inversores pueden construir carteras bien diversificadas capaces de capear diversas condiciones de mercado y alcanzar objetivos financieros a largo plazo. Sin embargo, es esencial que los inversores consideren cuidadosamente sus objetivos de inversión, tolerancia al riesgo y horizonte temporal al implementar estrategias de diversificación y revisen y reequilibren regularmente sus carteras para garantizar la alineación con sus objetivos financieros y las condiciones del mercado.

Estrategias de reequilibrio y técnicas de optimización de carteras

Una gestión eficaz de la cartera requiere procedimientos de reequilibrio y enfoques de optimización de la cartera, que ayuden a los inversores a mantener la asignación de activos prevista, controlar el riesgo y maximizar la rentabilidad a lo largo del tiempo. El reequilibrio es el proceso de modificar periódicamente la asignación de activos de una cartera para alinearla con la asignación de objetivos del inversor. A través de este proceso, se garantiza que la cartera se alinee con los objetivos de inversión, la tolerancia al riesgo y el horizonte temporal del inversor, al tiempo que aprovecha las oportunidades del mercado y mitiga las consecuencias de la volatilidad del mercado.

Uno de los principales objetivos del reequilibrio es gestionar el riesgo de la cartera controlando la exposición a diferentes clases de activos y evitando la concentración excesiva en un solo activo o sector. Con el tiempo, los cambios en los precios de los activos y las condiciones del mercado pueden hacer que la asignación real de activos de una cartera se desvíe de la asignación objetivo. Por ejemplo, un mercado alcista de acciones puede hacer que la parte de renta variable de una cartera aumente en relación con las inversiones de renta fija, lo que conduce a una mayor volatilidad de la cartera y a un posible riesgo a la baja. Los inversores pueden reducir el riesgo de la cartera reequilibrando su cartera vendiendo posiciones sobreponderadas y reasignando dinero a posiciones infraponderadas. De este modo, la asignación de activos vuelve a estar en línea con la asignación objetivo.

Además, el reequilibrio permite a los inversores capitalizar las ineficiencias del mercado y las oportunidades de inversión que surgen con el tiempo. Por ejemplo, durante los períodos de volatilidad del mercado o de incertidumbre económica, ciertas clases de activos o sectores pueden quedar infravalorados en relación con otros, lo que presenta oportunidades de compra para los inversores. Al reequilibrar la cartera, los inversores pueden aprovechar estas oportunidades reasignando capital a activos o sectores que ofrezcan valoraciones atractivas y perspectivas de crecimiento. Además, el reequilibrio ayuda a los inversores a evitar los sesgos de comportamiento comunes de la sincronización del mercado y la búsqueda de rendimiento, ya que fomenta una gestión disciplinada y sistemática de la cartera basada en objetivos de inversión a largo plazo.

Los inversores pueden emplear varias estrategias de reequilibrio y técnicas de optimización de carteras para gestionar sus carteras y alcanzar sus objetivos financieros de forma eficaz. Un enfoque común es el reequilibrio basado en el calendario, en el que los inversores reequilibran sus carteras según un calendario predeterminado, como trimestral, semestral o anual. Este enfoque garantiza ajustes regulares y sistemáticos de la cartera, independientemente de las condiciones del mercado, y ayuda a los inversores a mantener la disciplina y la coherencia en su enfoque de inversión. Otro enfoque es el reequilibrio basado en umbrales, en el que los inversores establecen umbrales predeterminados o bandas de tolerancia para cada clase de activos o sector dentro de su cartera. Cuando la asignación se desvía más allá de estos umbrales, los inversores reequilibran la cartera para volver a situarla dentro del rango deseado. Esta estrategia permite una mayor adaptabilidad y respuesta a los cambios del mercado, ya que el reequilibrio solo se produce cuando las desviaciones están más allá de los límites predeterminados.

Además, las estrategias dinámicas de asignación de activos, como la asignación táctica y estratégica de activos, implican ajustar la asignación de activos de una cartera en función de las condiciones cambiantes del mercado, las perspectivas económicas y las oportunidades de inversión. La asignación táctica de activos implica el cambio de capital entre clases de activos o sectores en función de las tendencias del mercado a corto plazo, los indicadores económicos o las métricas de valoración. Por otro lado, la asignación estratégica de activos implica establecer objetivos estratégicos a largo plazo para cada clase de activo o sector en función de los objetivos de inversión y la tolerancia al riesgo del inversor y reequilibrar la cartera periódicamente para mantener estos criterios. Al incorporar estrategias dinámicas de asignación de activos en su proceso de gestión de carteras, los inversores pueden adaptarse a las condiciones cambiantes del mercado y capitalizar las oportunidades de generación de alfa y mitigación de riesgos.

Los inversores pueden crear carteras bien diversificadas que optimicen los rendimientos de una cantidad determinada de riesgo con técnicas de optimización de carteras, como la optimización de la varianza media, la asignación de la paridad de riesgo y la simulación de Monte Carlo, además de estrategias de reequilibrio. La optimización de la media-varianza implica la optimización matemática de la asignación de la cartera en función de los rendimientos esperados y las volatilidades de los activos individuales, con el objetivo de lograr el mayor rendimiento posible para un nivel de riesgo determinado. La asignación por paridad de riesgo implica la asignación de capital entre las clases de activos en función de sus contribuciones al riesgo, con el objetivo de lograr la misma exposición al riesgo en toda la cartera. La simulación de Monte Carlo consiste en simular miles de posibles resultados de cartera basados en diferentes asignaciones de activos y escenarios de mercado, lo que permite a los inversores evaluar las características potenciales de riesgo y rentabilidad de sus carteras en diversas condiciones.

En resumen, una buena gestión de carteras se basa en procedimientos de reequilibrio y enfoques de optimización de carteras, que ayudan a los inversores a mantener la asignación de activos prevista, controlar el riesgo y optimizar los rendimientos a lo largo del tiempo. Al reequilibrar sistemáticamente sus carteras, los inversores pueden controlar el riesgo de la cartera, capitalizar las oportunidades del mercado y evitar sesgos de comportamiento que puedan perjudicar el rendimiento de la inversión. Además, al incorporar estrategias dinámicas de asignación de activos y técnicas de optimización de carteras, los inversores pueden construir carteras bien diversificadas, resistentes a las fluctuaciones del mercado y alineadas con sus objetivos financieros a largo plazo.

Consideraciones de eficiencia fiscal

La eficiencia fiscal, un componente crucial de la planificación financiera, tiene un gran impacto en los rendimientos de las inversiones y en la creación de riqueza total. Reconocer las ramificaciones fiscales de las diferentes opciones financieras y estrategias de inversión es esencial para maximizar los ingresos después de impuestos y minimizar las obligaciones fiscales. Las personas deben tener en cuenta algunas cosas cruciales para mejorar la eficiencia fiscal.

La selección adecuada de cuentas de inversión es un componente esencial de la eficiencia fiscal. Varias ventajas fiscales están asociadas con diferentes tipos de cuentas de inversión, incluidas las cuentas libres de impuestos como las Roth IRA, las cuentas de jubilación con impuestos diferidos como las IRA estándar y las 401(k), y las cuentas de corretaje sujetas a impuestos. Los impuestos sobre las ganancias de capital se aplican a los dividendos y las ganancias de inversión en cuentas de corretaje sujetas a impuestos. Por otro lado, el crecimiento de las inversiones está sujeto a impuestos diferidos hasta que se realicen retiros en la jubilación, y las donaciones a las cuentas IRA convencionales y 401(k) pueden ser deducibles de impuestos. Por el contrario, las cuentas Roth IRA se financian con dinero después de impuestos, pero los retiros elegibles, incluidas las ganancias de las inversiones, están libres de impuestos. La eficiencia fiscal se puede maximizar seleccionando la combinación adecuada de estas cuentas en función de condiciones únicas, como las tasas impositivas presentes y futuras.

La ubicación de los activos es otro factor importante para la eficiencia fiscal. Es la colocación estratégica de inversiones con diferentes características fiscales en diferentes tipos de cuentas para minimizar los impuestos. Para beneficiarse de tasas impositivas ventajosas sobre las ganancias de capital, las inversiones fiscalmente eficientes, como los fondos indexados o los fondos cotizados en bolsa (ETF) con baja rotación y pequeñas distribuciones imponibles, a menudo se mantienen mejor en cuentas de corretaje sujetas a impuestos. Por otro lado, los activos con consecuencias fiscales más considerables, como los bonos de alto rendimiento o los fondos de gestión activa, podrían ser más apropiados para las cuentas de jubilación con impuestos diferidos, en las que los beneficios de las inversiones no se gravan hasta que se retiran. Los inversores pueden reducir su carga fiscal general cambiando de forma proactiva los activos entre cuentas en función de la eficiencia fiscal y mejorando los rendimientos después de impuestos.

La recolección de pérdidas fiscales es otra táctica útil para aumentar la eficiencia fiscal, especialmente en las cuentas de corretaje sujetas a impuestos. Con esta estrategia, las inversiones que han perdido dinero se venden para equilibrar las ganancias de capital obtenidas en otras inversiones de la cartera. Los inversores pueden reducir sus ingresos imponibles y ahorrar dinero en impuestos cosechando pérdidas. Para mantener el cumplimiento y evitar la regla de venta de lavado, que prohíbe recomprar los mismos valores o casi idénticos dentro de los 30 días posteriores a la venta, uno debe estar al tanto de las regulaciones del IRS que controlan el reconocimiento de pérdidas de capital.

La eficiencia fiscal también puede mejorarse controlando el volumen de negocios de las inversiones y, siempre que sea posible, obteniendo ganancias de capital a largo plazo. Se alienta a los inversores a mantener activos durante períodos prolongados porque las ganancias de capital a largo plazo se gravan a tasas más bajas que las ganancias a corto plazo. Al adoptar una estrategia de comprar y mantener y minimizar las operaciones innecesarias, los inversores pueden reducir sus obligaciones fiscales y mejorar los rendimientos después de impuestos. Al reducir el volumen de negocios y los pagos de impuestos, los vehículos de inversión fiscalmente eficientes, como los fondos cotizados en bolsa (ETF) o los fondos mutuos administrados por impuestos, también pueden disminuir el impacto de los impuestos en los rendimientos de las inversiones.

La planificación patrimonial efectiva es crucial para que las personas de alto patrimonio neto minimicen sus impuestos. Las estrategias prudentes de planificación patrimonial, como la creación de fideicomisos o la donación de activos en vida, pueden reducir los impuestos de sucesiones y maximizar la transferencia de riqueza a las generaciones futuras. Las personas pueden reducir sus patrimonios imponibles y apoyar a sus seres queridos y sus objetivos financieros mediante el empleo de estrategias de donaciones eficientes desde el punto de vista fiscal, como la exclusión anual del impuesto sobre donaciones o la contribución a los planes de ahorro para la universidad 529.

Mantenerse al tanto de las modificaciones de las normas y regulaciones tributarias es otra necesidad para preservar la eficacia tributaria a lo largo del tiempo. Las regulaciones fiscales cambian constantemente, por lo que mantenerse al día con los últimos cambios puede ayudar a las personas a modificar sus planes financieros para optimizar las ventajas fiscales y reducir las responsabilidades. Los asesores financieros o expertos en impuestos pueden ofrecer consejos perspicaces sobre cómo manejar situaciones fiscales complicadas e implementar planes fiscales eficientes que se adapten a las necesidades y objetivos de cada cliente.

En conclusión, las consideraciones de eficiencia fiscal son fundamentales para optimizar los rendimientos de las inversiones y preservar el patrimonio a largo plazo. Al seleccionar las cuentas de inversión adecuadas, ubicar estratégicamente los activos, utilizar la recolección de pérdidas fiscales, administrar la rotación de inversiones, participar en una planificación patrimonial efectiva y mantenerse informado sobre las leyes fiscales, los inversores pueden mejorar los rendimientos después de impuestos y minimizar su carga fiscal general. La implementación de estas estrategias de manera reflexiva y proactiva puede contribuir al éxito financiero y la prosperidad a largo plazo.

CAPÍTULO IV

Estrategias para mercados alcistas

Growth Investing: Identificación de acciones de alto potencial de crecimiento

La estrategia de inversión de crecimiento tiene como objetivo obtener ganancias de capital a largo plazo e inversiones sustanciales de expansión en empresas. A diferencia de la inversión en valor, cuyo objetivo es encontrar acciones baratas que se vendan por debajo de su valor real, la inversión en crecimiento da prioridad a las empresas que aumentan rápidamente sus ingresos o ganancias, a menudo a expensas de su rentabilidad existente. Encontrar acciones de crecimiento de alto potencial implica un conocimiento profundo de la dinámica y las tendencias del mercado, así como un análisis fundamental y una investigación de la industria.

Una característica clave de las acciones de alto potencial de crecimiento es el crecimiento sustancial de los ingresos y las ganancias. Los inversores suelen buscar empresas que aumenten constantemente las ventas y los beneficios a lo largo del tiempo, lo que indica una fuerte demanda de sus productos o servicios y una ejecución eficaz de sus estrategias empresariales. Varios factores pueden impulsar el crecimiento de los ingresos, incluida la expansión de las oportunidades de mercado, las ofertas de productos innovadores, el marketing y la marca efectivos, y la penetración exitosa en nuevos segmentos de clientes o regiones geográficas. Del mismo modo, el crecimiento de los beneficios refleja la capacidad de la empresa para generar beneficios y crear valor para los accionistas, a menudo impulsado por la eficiencia operativa, las economías de escala y la expansión de los márgenes.

Además del crecimiento de los ingresos y los resultados, los inversores evalúan el posicionamiento competitivo y el potencial de mercado de una empresa. Las acciones de alto potencial de crecimiento suelen encontrarse en sectores con perspectivas favorables de crecimiento a largo plazo, como la tecnología, la sanidad, el comercio electrónico y las energías renovables. Las empresas que demuestran innovación disruptiva, liderazgo en el mercado y ventajas competitivas sostenibles dentro de estos sectores son deseables para los inversores en crecimiento. El análisis de las tendencias de la industria, la dinámica del mercado, los panoramas competitivos y las barreras de entrada puede ayudar a identificar empresas con el potencial de superar a sus pares y capturar participación de mercado a largo plazo.

Además, evaluar el equipo directivo y la estrategia corporativa de una empresa es esencial para identificar acciones de alto potencial de crecimiento. Un liderazgo eficaz con una visión clara, una sólida capacidad de ejecución y un historial de creación de valor es crucial para impulsar el crecimiento sostenible y el valor para los accionistas. Los inversores evalúan la gestión en función de su capacidad para crear valor a largo plazo en lugar de perseguir beneficios rápidos, innovar y adaptarse a las condiciones cambiantes del mercado, y distribuir el capital de forma sensata. Las empresas con una cultura de innovación, agilidad estratégica y asignación de capital disciplinada suelen ser las preferidas por los inversores en crecimiento que buscan capitalizar las oportunidades emergentes y sortear las disrupciones del mercado.

Además, comprender las ventajas competitivas y los fosos de la empresa es fundamental para evaluar su potencial de crecimiento y sostenibilidad a largo plazo. Una ventaja competitiva puede adoptar diversas formas, como la propiedad intelectual, la tecnología patentada o las patentes, el valor sustancial de la marca, las economías de escala, los efectos de red y los altos costes de cambio. Las empresas con ventajas competitivas duraderas están mejor posicionadas para defender su posición en el mercado, resistir las presiones competitivas y mantener tasas de crecimiento superiores a la media a largo plazo. El análisis de las fuentes y la durabilidad de las ventajas competitivas de una empresa puede ayudar a los inversores a identificar acciones de crecimiento de alto potencial con una ventaja competitiva sostenible.

Además, evaluar la salud financiera y la valoración de una empresa es esencial para la inversión en crecimiento. Si bien las acciones de crecimiento pueden cotizar a múltiplos de valoración más altos en comparación con sus pares debido a sus perspectivas de crecimiento, es esencial prestar atención a las métricas de valoración, como la relación precio-beneficio (P/E), la relación precio-ventas (P/S) y la relación valor-EBITDA (EV/EBITDA) de la empresa para evitar pagar de más por el crecimiento. Los inversores deben buscar un equilibrio entre el potencial de crecimiento y la valoración para asegurarse de que invierten a un precio razonable en relación con el valor intrínseco de la empresa y las perspectivas de beneficios futuros. Realizar un análisis financiero exhaustivo, que incluya análisis de flujo de caja, métricas de rentabilidad y solidez del balance, puede proporcionar información valiosa sobre la salud financiera y la trayectoria de crecimiento de una empresa.

En conclusión, la identificación de acciones de crecimiento de alto potencial requiere un enfoque integral que combine el análisis fundamental, la investigación de la industria, el posicionamiento competitivo, la calidad de la gestión y la evaluación de la salud financiera. Al centrarse en empresas con un sólido crecimiento de los ingresos y las ganancias, una dinámica favorable de la industria, un liderazgo efectivo, ventajas competitivas sostenibles y valoraciones razonables, los inversores pueden identificar oportunidades para capitalizar las tendencias de crecimiento a largo plazo y generar atractivos rendimientos de la inversión. Si bien la inversión en crecimiento implica riesgos e incertidumbres inherentes, llevar a cabo una diligencia debida exhaustiva y mantener un enfoque de inversión disciplinado puede ayudar a los inversores a navegar por la volatilidad del mercado y construir una cartera diversificada de acciones de crecimiento de alta calidad preparadas para el éxito a largo plazo.

Momentum Trading: Siguiendo la tendencia del Mercado

El momentum trading es una estrategia de inversión dinámica que aprovecha las tendencias continuas del mercado, con el objetivo de beneficiarse del impulso de los movimientos del precio de las acciones. A diferencia de la inversión tradicional de compra y retención o la inversión en valor, que se centra en el valor intrínseco de una acción o en el potencial de crecimiento a largo plazo, el momentum trading se basa en los movimientos de precios a corto plazo y en la psicología del mercado para generar rendimientos. El principio fundamental detrás del trading de impulso es que las acciones que han mostrado un sólido rendimiento de precios recientemente tienen más probabilidades de continuar con la misma tendencia en breve.

Uno de los conceptos fundamentales en el momentum trading es la idea de impulso del mercado, que se refiere a la tendencia de los precios de las acciones a moverse en la misma dirección a lo largo del tiempo. Este efecto de impulso puede atribuirse a varios factores, como el comportamiento de los inversores, el sentimiento del mercado, los catalizadores de las noticias y la actividad de negociación institucional. Las acciones que experimentan un impulso positivo suelen atraer el interés de compra de los inversores que buscan capitalizar las tendencias alcistas de los precios. Por el contrario, las acciones con un impulso negativo pueden enfrentarse a una presión de venta a medida que los inversores buscan salir de las posiciones o beneficiarse de los movimientos de precios a la baja. Al identificar y aprovechar estas tendencias del mercado, los traders de impulso tienen como objetivo generar ganancias comprando caro y vendiendo más alto o vendiendo más bajo o vendiendo bajo y cubriendo más bajo.

Utilizar el análisis técnico para reconocer y validar los patrones de precios y los indicadores de impulso es crucial para el trading de impulso. El análisis técnico es una estrategia de trading que identifica posibles oportunidades de entrada y salida mediante el examen de los datos históricos de precios, el volumen y los patrones gráficos: medias móviles, osciladores estocásticos, índice de fuerza relativa (RSI) y la media móvil. Algunos ejemplos son los indicadores de convergencia, divergencia, fuerza y dirección de la tendencia del precio (MACD), que los traders de impulso suelen utilizar para identificar posibles oportunidades de compra o venta. Con la ayuda de estos indicadores, los traders pueden evaluar si el impulso está presente y cuándo es óptimo entrar y salir de las posiciones para optimizar las ganancias y minimizar las pérdidas.

Además, las estrategias de momentum trading se pueden implementar en varios marcos de tiempo, que van desde el trading intradía hasta el swing trading y las tendencias a largo plazo. Los traders de impulso intradía utilizan indicadores técnicos y datos de mercado en tiempo real para descubrir oportunidades de trading de alta probabilidad. Su objetivo principal es capturar las fluctuaciones de precios a corto plazo dentro de una sola sesión de negociación. Por otro lado, los swing traders toman posiciones basadas en señales de impulso a corto plazo y las mantienen hasta que la tendencia se revierte o alcanza un objetivo predeterminado para beneficiarse de los movimientos de precios de varios días o semanas. Identificar las tendencias significativas del mercado y montarlas durante períodos prolongados es la estrategia que utilizan los seguidores de tendencias, a veces llamados inversores de impulso. Con frecuencia utilizan indicadores de seguimiento de tendencias y estrategias de gestión de riesgos para seguir participando en medio de la volatilidad del mercado.

Además, dado que implica asumir riesgos medidos y controlar el tamaño de las posiciones para minimizar las pérdidas potenciales, la gestión del riesgo es un elemento crucial para el trading de impulso rentable. Los traders de impulso suelen utilizar órdenes de stop-loss, trailing stops y técnicas de dimensionamiento de posiciones para controlar el riesgo y proteger el capital. Las órdenes de stop-loss se utilizan para salir automáticamente de una posición si el precio se mueve en contra del operador más allá de un umbral predefinido, limitando las pérdidas potenciales. Los trailing stops se ajustan dinámicamente a medida que el precio se mueve a favor del trader, lo que le permite bloquear las ganancias mientras le da a la operación espacio para ejecutarse. El dimensionamiento de la posición implica asignar una parte del capital a cada operación en función de la tolerancia al riesgo, la volatilidad y la probabilidad de éxito, lo que garantiza que ninguna operación afecte de manera desproporcionada el rendimiento general de la cartera.

En conclusión, el momentum trading es una estrategia dinámica y oportunista que tiene como objetivo beneficiarse de las tendencias existentes del mercado. Al identificar las acciones con un fuerte impulso de precios y utilizar el análisis técnico para confirmar las tendencias y los indicadores de impulso, los traders de impulso buscan capitalizar los movimientos de precios a corto plazo y la psicología del mercado para generar ganancias. Ya sea que se implemente a través de un intradía, una oscilación o un seguimiento de tendencias, el trading de impulso requiere una gestión disciplinada del riesgo y adaptarse a las condiciones cambiantes del mercado. Si bien el momentum trading puede ser muy rentable en los mercados de tendencia, también conlleva riesgos inherentes y requiere un seguimiento activo y la toma de decisiones. Al igual que con cualquier estrategia de trading, los traders de impulso deben desarrollar un plan claro, ceñirse a sus reglas y refinar continuamente sus habilidades para lograr el éxito en el mercado a largo plazo.

Estrategias de rotación sectorial

Las estrategias de rotación sectorial son técnicas de inversión que implican el traslado de capital entre diferentes sectores de la economía en función de diversos factores, como las condiciones económicas, las tendencias del mercado y los ciclos económicos. El objetivo de la rotación sectorial es capitalizar el rendimiento superior de sectores específicos durante determinadas fases del ciclo económico, evitando o minimizando al mismo tiempo la exposición a sectores de bajo rendimiento. Esta estrategia se basa en la idea de que los diferentes sectores económicos se comportan de manera diferente en varios puntos del ciclo económico, y los inversores pueden aumentar los rendimientos y reducir el riesgo rotando sus activos en función de estas diferencias.

Una de las ideas fundamentales que subyacen a los métodos de rotación sectorial es que los sectores muestran fortalezas y debilidades relativas en diferentes etapas del ciclo económico. Por ejemplo, los sectores defensivos, como los servicios públicos y los productos básicos de consumo, suelen tener un buen desempeño durante las recesiones o los momentos de turbulencia del mercado, cuando los inversores buscan flujos de ingresos estables y productos fiables. Sin embargo, cuando el gasto de los consumidores y las empresas es fuerte durante la expansión económica, las industrias cíclicas, como la tecnología y la industria, tienden a tener un mejor desempeño.

Los inversores que emplean estrategias de rotación sectorial suelen utilizar una combinación de análisis fundamental, análisis técnico e indicadores macroeconómicos para identificar qué sectores tienen más probabilidades de tener un rendimiento superior o inferior en el entorno de mercado actual. El análisis fundamental implica evaluar la salud financiera, las perspectivas de crecimiento y la valoración de las empresas individuales dentro de cada sector. El análisis técnico se centra en el estudio de las tendencias de los precios, el volumen de operaciones y otros indicadores del mercado para identificar patrones y señales que puedan indicar cambios en el impulso del sector. Además de dar a los inversores información sobre el estado general de la economía, los indicadores macroeconómicos como el crecimiento del PIB, las tasas de inflación y las tasas de desempleo también ayudan a los inversores a determinar qué industrias pueden ganar o perder con el estado actual de la economía.

Existen varios enfoques para implementar estrategias de rotación sectorial, cada uno con ventajas y desafíos. Un enfoque común es el enfoque del ciclo económico, que implica la rotación de las inversiones en función de la etapa del ciclo económico. Este enfoque suele dividir el ciclo económico en cuatro fases: expansión, pico, contracción y valle. Durante la expansión, los inversores pueden asignar capital a sectores cíclicos como la tecnología, la industria y el consumo discrecional, que se benefician del aumento de la actividad económica. A medida que la economía se acerca a su punto máximo y el crecimiento comienza a desacelerarse, los inversores pueden cambiar hacia sectores defensivos como los servicios públicos, la atención médica y los productos básicos de consumo, que son menos sensibles a las fluctuaciones económicas. Durante la fase de contracción, los inversores pueden buscar seguridad en sectores defensivos y activos de refugio seguro, como los bonos y el oro, cuando la actividad económica disminuye. Por último, durante la fase de valle, a medida que la economía comienza a recuperarse, los inversores pueden volver a rotar hacia sectores cíclicos en previsión de un crecimiento renovado.

Otro enfoque para la rotación sectorial es el enfoque de la fuerza relativa, que consiste en identificar los sectores que actualmente muestran un rendimiento relativamente sólido en comparación con el mercado en general u otros sectores. Este enfoque se basa en indicadores de impulso y estrategias de seguimiento de tendencias para identificar las industrias que están ganando impulso y que probablemente continúen obteniendo un rendimiento superior a corto plazo. Esta estrategia permite a los inversores descubrir sectores en alza y desplegar el capital de forma adecuada mediante el uso de indicadores técnicos como el impulso de los precios, el índice de fuerza relativa (RSI) y las medias móviles.

Además de los enfoques del ciclo económico y de la fortaleza relativa, los inversores también pueden tener en cuenta las tendencias temáticas o seculares que impulsan los cambios económicos a largo plazo. La inversión temática implica la identificación de temas generales o megatendencias que se espera que den forma a la economía y la sociedad a largo plazo, como la innovación tecnológica, los cambios demográficos y la sostenibilidad ambiental. Al identificar los sectores y las empresas que se beneficiarán de estas tendencias, los inversores pueden posicionar sus carteras para capitalizar las oportunidades de crecimiento a largo plazo.

Si bien las estrategias de rotación sectorial ofrecen la posibilidad de mejorar los rendimientos y reducir el riesgo a través de la diversificación y la asignación táctica, también plantean desafíos y riesgos. Uno de los desafíos es cronometrar con precisión las rotaciones de los sectores para capturar los puntos óptimos de entrada y salida. El market timing es notoriamente difícil, e incluso los inversores más sofisticados pueden necesitar ayuda para identificar constantemente las mejores oportunidades para rotar entre sectores. Además, las estrategias de rotación sectorial requieren una gestión activa y un seguimiento continuo de las condiciones del mercado, lo que puede llevar mucho tiempo y recursos. Además, las estrategias de rotación sectorial pueden estar sujetas a efectos de latigazo, en los que los cambios rápidos en el sentimiento del mercado o los acontecimientos inesperados provocan cambios repentinos en el rendimiento del sector, lo que provoca pérdidas para los inversores atrapados en el lado equivocado de la rotación.

En conclusión, las estrategias de rotación sectorial son técnicas de inversión que implican el traslado de capital entre diferentes sectores de la economía en función de diversos factores, como las condiciones económicas, las tendencias del mercado y los ciclos económicos. Estas estrategias tienen como objetivo capitalizar el rendimiento superior de sectores específicos durante determinadas fases del ciclo económico, evitando o minimizando al mismo tiempo la exposición a sectores de bajo rendimiento. Si bien las estrategias de rotación sectorial ofrecen la posibilidad de mejorar los rendimientos y reducir el riesgo a través de la diversificación y la asignación táctica, también plantean desafíos y riesgos, incluida la dificultad de sincronizar con precisión las rotaciones sectoriales y la posibilidad de que se produzcan efectos de latigazo. Los inversores deben evaluar minuciosamente sus objetivos de inversión, su tolerancia al riesgo y su horizonte temporal antes de implementar estrategias de rotación sectorial en sus carteras.

Ofertas Públicas Iniciales (OPI) y Nuevas Oportunidades

Las ofertas públicas iniciales, o OPI, son un hito esencial para las empresas que buscan ganar dinero y crecer. Cuando una empresa privada ofrece sus acciones al público por primera vez, se convierte en una empresa que cotiza en bolsa, un proceso conocido como OPI. A través de las ofertas públicas iniciales (OPI), las empresas pueden recaudar más dinero y acceder a un grupo más grande de inversores. Esto les permite financiar planes de expansión, pagar deuda y dar liquidez a los accionistas actuales. Las OPV permiten a los inversores invertir en una empresa al comienzo de su trayectoria de crecimiento y beneficiarse significativamente de su expansión y maduración.

Participar en ofertas públicas iniciales (OPI) presenta a los inversores empresas y sectores novedosos que pueden requerir una mayor accesibilidad en los mercados públicos. En campos como la tecnología, la biotecnología y las energías renovables, donde las empresas están creando bienes y tecnologías innovadores con el potencial de cambiar los mercados establecidos y crear otros nuevos, las ofertas públicas iniciales (OPI) son comunes. Los inversores pueden obtener acceso anticipado a estos negocios y beneficiarse de sus posibilidades de crecimiento a largo plazo invirtiendo en ofertas públicas iniciales (OPI).

Las OPI también ofrecen a los inversores la oportunidad de diversificar sus carteras y obtener exposición a sectores e industrias que pueden estar infrarrepresentados en sus participaciones existentes. Por ejemplo, si la cartera de un inversor está muy inclinada hacia empresas establecidas en sectores tradicionales como las finanzas y la fabricación, la participación en las OPI puede proporcionar exposición a sectores de rápido crecimiento, como el comercio electrónico, la computación en la nube y los vehículos eléctricos. Al diversificar entre industrias y empresas y aprovechar las oportunidades de crecimiento rápido, los inversores pueden reducir el riesgo general de su cartera y aumentar las ganancias.

Además de proporcionar exposición a empresas y sectores innovadores, las OPV pueden ofrecer rendimientos atractivos para los inversores que pueden participar al precio de oferta inicial. Muchas OPI tienen un precio por debajo de su valor justo de mercado para atraer inversores y generar demanda. Esta estrategia de fijación de precios, conocida como infravaloración, puede dar lugar a importantes ganancias en el primer día para los inversores a los que se les asignan acciones al precio de la OPI. Cuando las acciones tienen más demanda de la que están disponibles, los inversores que pueden obtener asignaciones en ofertas públicas iniciales (OPI) sobresuscritas pueden beneficiarse significativamente de estas ganancias.

Sin embargo, invertir en OPI conlleva riesgos y desafíos inherentes que los inversores deben conocer antes de participar. Uno de los principales riesgos asociados a las OPI es la incertidumbre que rodea al rendimiento y la valoración futuros de la empresa. Muchas empresas que cotizan en bolsa son relativamente jóvenes y pueden necesitar más historiales operativos, lo que dificulta que los inversores evalúen sus perspectivas de crecimiento y rentabilidad. Además, las OPI suelen ir acompañadas de una mayor volatilidad y actividad comercial, ya que los inversores especulan sobre el potencial de la empresa y ajustan sus posiciones en función del sentimiento del mercado y el flujo de noticias.

La posibilidad de períodos de bloqueo, en los que las personas con información privilegiada y los inversores previos a la OPI tienen prohibido vender sus acciones, es otro riesgo relacionado con la inversión en ofertas públicas iniciales (OPI). Estos períodos de bloqueo suelen durar unos meses después de la salida a bolsa, cuando la oferta de acciones disponibles para la negociación puede ser limitada. Una vez que expira el período de bloqueo, las personas con información privilegiada y los inversores previos a la OPI pueden optar por vender sus acciones, lo que podría ejercer una presión a la baja sobre el precio de las acciones. Los inversores deben considerar cuidadosamente las implicaciones de los períodos de bloqueo antes de invertir en OPI y estar preparados para el aumento de la volatilidad y los riesgos de liquidez durante estos períodos.

A pesar de estos riesgos, las OPI pueden presentar oportunidades de inversión atractivas para los inversores dispuestos a llevar a cabo una diligencia debida exhaustiva y evaluar las perspectivas de la empresa. Al diversificar entre sectores e industrias, los inversores pueden obtener exposición a empresas innovadoras y oportunidades de crecimiento que pueden no estar disponibles en los mercados públicos. Las OPV ofrecen la posibilidad de obtener grandes beneficios y diversidad de carteras para los inversores con un horizonte de inversión a largo plazo y dispuestos a soportar la volatilidad. Sin embargo, participar en ellos implica una evaluación exhaustiva de los riesgos y dificultades que conlleva.

CAPÍTULO V

Estrategias para los mercados bajistas

Inversión en valor: Encontrar acciones infravaloradas

Iconos de la inversión como Benjamin Graham y Warren Buffett han hecho de la inversión de valor una técnica de inversión popular a lo largo de los años. En esencia, la inversión en valor implica identificar acciones que cotizan a precios por debajo de su valor intrínseco, creyendo que estas acciones infravaloradas pueden ofrecer rendimientos superiores a largo plazo. La inversión en valor implica la compra de acciones con un precio inferior a su valor inherente, lo que proporciona un margen de seguridad y minimiza el riesgo a la baja.

Uno de los principales métodos utilizados en la inversión en valor es el análisis fundamental, que consiste en evaluar la salud financiera, los fundamentos empresariales y las perspectivas de crecimiento de una empresa para determinar su valor intrínseco. El análisis fundamental examina métricas financieras vitales como las ganancias, los ingresos, el flujo de caja y el valor contable, así como factores cualitativos como la ventaja competitiva, la calidad de la gestión y la dinámica de la industria. Al analizar a fondo estos factores, los inversores en valor pretenden identificar las empresas que cotizan a precios inferiores a su valor real debido a ineficiencias temporales del mercado o al sentimiento de los inversores.

Uno de los principales indicadores utilizados en la inversión en valor es la relación precio-beneficio (P/E), que compara el precio de las acciones de una empresa con sus beneficios por acción (BPA). Una relación P/E baja en comparación con la media histórica o con los rivales de la empresa puede ser una señal de que la acción está barata y se vende a un precio favorable. Del mismo modo, la relación precio-valor contable (P/B) evalúa si una acción cotiza por debajo de su valor intrínseco comparando el precio de la acción con el valor contable por acción de la empresa. Además, los inversores en valor buscan acciones con rendimientos de dividendos estables y un historial de pagos regulares de dividendos porque los dividendos pueden generar ingresos e indicar la creencia de la gerencia en las perspectivas futuras del negocio.

Además de las métricas cuantitativas, los inversores en valor tienen en cuenta factores cualitativos como el posicionamiento competitivo, la dinámica del sector y la calidad de la gestión a la hora de evaluar posibles oportunidades de inversión. Una empresa con una ventaja competitiva duradera, como una marca conocida, una tecnología patentada o una clientela devota, puede estar mejor equipada para proporcionar un crecimiento constante de las ganancias y un valor a largo plazo a los inversores. Del mismo modo, las empresas que trabajan en sectores de la economía con un potencial de crecimiento prometedor a largo plazo pueden tener una mayor probabilidad de éxito a largo plazo.

Los inversores en valor también prestan atención al sentimiento del mercado y a la psicología de los inversores a la hora de evaluar las posibles oportunidades de inversión. Las fluctuaciones del mercado y la volatilidad a corto plazo pueden crear oportunidades para comprar acciones de alta calidad a precios reducidos, ya que el sentimiento de los inversores puede estar impulsado por el miedo, la codicia u otros factores emocionales en lugar de los fundamentos subyacentes. Los inversores en valor pueden aprovechar estas ineficiencias del mercado y crear una cartera de acciones baratas con buenos rendimientos a largo plazo siguiendo un enfoque disciplinado y paciente.

Si bien la inversión en valor ha demostrado ser una estrategia de inversión exitosa a largo plazo, tiene desafíos y riesgos. Las trampas de valor o las acciones que parecen baratas según las métricas de valoración convencionales, pero que tienen un rendimiento inferior o pierden valor con el tiempo, son uno de los principales peligros relacionados con la inversión en valor. Las trampas de valor surgen con frecuencia cuando las empresas experimentan dificultades estructurales o fundamentos vacilantes que el mercado no representa suficientemente en los precios de sus acciones. Los inversores en valor deben llevar a cabo una exhaustiva diligencia debida y evaluar cuidadosamente la posición competitiva de una empresa, la dinámica del mercado y las perspectivas de desarrollo antes de tomar decisiones de inversión para reducir el peligro de ser víctima de las trampas de valor.

Otro reto asociado a la inversión en valor es la necesidad de paciencia y disciplina, ya que las acciones infravaloradas pueden tardar en desarrollar todo su potencial y ofrecer rentabilidad. La inversión en valor requiere un horizonte de inversión a largo plazo y la voluntad de soportar la volatilidad y las fluctuaciones a corto plazo en los precios de las acciones. Los inversores en valor también deben estar preparados para actuar de forma independiente y contraria, ya que comprar acciones baratas a menudo significa desafiar el consenso y el estado de ánimo del mercado.

La inversión en valor es un método probado y verdadero para encontrar activos baratos negociados por debajo de su valor real. Los inversores en valor buscan armar una cartera de acciones superiores con rendimientos favorables a largo plazo mediante la aplicación de disciplina, la consideración de factores cualitativos y la realización de análisis fundamentales. La inversión en valor es una estrategia eficaz para los inversores que buscan alcanzar sus objetivos financieros a largo plazo, aunque exige paciencia, disciplina y la capacidad de tolerar la volatilidad a corto plazo.

Inversión defensiva: proteger el capital durante las recesiones

La inversión defensiva es una estrategia de inversión para proteger el capital durante las recesiones del mercado y la incertidumbre económica. Mientras que muchos inversores pretenden obtener altos rendimientos, los inversores defensivos priorizan la preservación del capital y se centran en minimizar las pérdidas, especialmente durante las condiciones de mercado volátiles o bajistas. Las estrategias de inversión defensiva están diseñadas para proporcionar estabilidad a la cartera y protección a la baja, independientemente de las condiciones imperantes en el mercado.

La diversificación es un componente fundamental de la inversión defensiva, que implica la distribución de activos en varias industrias, geografías y clases de activos para reducir el riesgo de la cartera en general. Al diversificar sus participaciones, los inversores defensivos pretenden minimizar el impacto de los acontecimientos adversos o las caídas del mercado en sus carteras. Esto puede incluir la asignación de capital a clases de activos como bonos, efectivo y oro, que tienden a tener correlaciones más bajas con las acciones y pueden proporcionar una cobertura contra la volatilidad del mercado de valores.

Además de la diversificación, los inversores defensivos dan prioridad a la inversión en acciones defensivas de alta calidad y menos sensibles a los ciclos económicos y a las fluctuaciones del mercado. Las industrias que satisfacen las necesidades que están en demanda independientemente del estado de la economía, como los productos básicos de consumo, los servicios públicos, la atención médica y las telecomunicaciones, suelen estar vinculadas a acciones defensivas. Los inversores defensivos que buscan estabilidad e ingresos encuentran atractivas estas empresas, ya que suelen tener flujos de caja sólidos, beneficios constantes y un historial de pago de dividendos.

Otra estrategia de inversión defensiva se centra en la generación de ingresos a través de acciones, bonos y otros valores de renta fija que pagan dividendos. Las acciones que pagan dividendos, en particular, pueden proporcionar una fuente de ingresos constantes y un colchón durante las recesiones del mercado, ya que los dividendos pueden seguir pagándose incluso cuando los precios de las acciones disminuyen. Los inversores defensivos pueden dar preferencia a las acciones que tienen un historial de aumento constante de dividendos a lo largo del tiempo, ya que estas empresas tienen una sólida situación financiera y una dedicación a devolver a los accionistas su dinero.

Para protegerse contra las pérdidas y reducir el riesgo a la baja, los inversores defensivos también pueden emplear tácticas de gestión de riesgos, incluidas las órdenes de stop-loss, las estrategias de cobertura y el reequilibrio de la cartera, además de su selección defensiva de acciones. Las órdenes de pérdida de riesgo venden automáticamente un valor cuando alcanzan un precio predeterminado, lo que limita las pérdidas potenciales y protege el capital. Las estrategias de cobertura, como la compra de opciones de venta o la venta en corto de futuros de índices, pueden proporcionar un seguro contra las caídas del mercado al compensar las pérdidas en la cartera subyacente. El rebalanceo de carteras implica ajustar periódicamente las asignaciones de activos para mantener los niveles de riesgo deseados y garantizar que la cartera permanezca alineada con los objetivos de inversión y la tolerancia al riesgo del inversor.

Si bien las estrategias de inversión defensiva pueden ayudar a proteger el capital durante las recesiones del mercado, también tienen limitaciones y compensaciones que los inversores deben tener en cuenta. Una posible compensación es el costo de oportunidad de renunciar a ganancias potenciales durante los mercados alcistas y los períodos de expansión económica. Las inversiones defensivas, como los bonos y el efectivo, pueden ofrecer rendimientos más bajos que las acciones durante las condiciones alcistas del mercado, lo que podría dar lugar a un rendimiento inferior en relación con el mercado en general. Además, es posible que las estrategias defensivas no proporcionen una protección completa contra las pérdidas durante las recesiones graves del mercado o las crisis financieras, ya que todas las clases de activos pueden experimentar caídas durante períodos de tensión extrema en el mercado.

Además, la inversión defensiva requiere disciplina y una perspectiva a largo plazo, ya que las caídas y la volatilidad del mercado son inevitables e impredecibles. Además de estar preparados para tolerar breves oscilaciones en el valor de la cartera, los inversores defensivos deben evitar actuar por impulso o reaccionar precipitadamente al ruido del mercado o a los arrebatos emocionales. Al adherirse a un enfoque disciplinado y concentrarse en los objetivos de inversión a largo plazo, los inversores defensivos pueden capear las caídas del mercado con confianza y proteger su efectivo de las pérdidas.

En conclusión, la inversión defensiva es una estrategia de inversión para proteger el capital durante las caídas del mercado y la incertidumbre económica. Al priorizar la preservación del capital, la diversificación y la generación de ingresos, los inversores defensivos buscan minimizar las pérdidas y mantener la estabilidad en sus carteras, independientemente de las condiciones prevalecientes en el mercado. Las técnicas de inversión defensiva pueden ayudar a los inversores a alcanzar sus objetivos de inversión a largo plazo y protegerse contra la volatilidad del mercado, aunque puedan implicar compensaciones y limitaciones.

Estrategias de venta en corto

Los inversores emplean estrategias de venta en corto para beneficiarse de la caída del precio de un valor. Con esta estrategia, las acciones se toman prestadas de un corredor y se venden en el mercado abierto para ser recompradas más tarde cuando el precio haya bajado. La diferencia entre el precio de venta y el precio de recompra final representa la ganancia del vendedor en corto. Existen varias estrategias dentro del ámbito de la venta en corto, cada una con sus propios matices y perfiles de riesgo.

Una estrategia común de venta en corto se conoce como trading de impulso. Este enfoque implica identificar las acciones que experimentan un impulso a la baja, a menudo debido a noticias negativas, malos resultados financieros u otros factores adversos. Los vendedores en corto capitalizan esta tendencia a la baja pidiendo prestadas y vendiendo las acciones, anticipando que el precio seguirá bajando. Los traders de impulso suelen emplear el análisis técnico para identificar las acciones con un impulso sólido a la baja y establecer posiciones cortas en consecuencia.

Otra estrategia de venta en corto se basa en el análisis fundamental. En este enfoque, los inversores analizan los fundamentos subyacentes de una empresa para identificar las acciones sobrevaloradas que probablemente experimenten una corrección de precios. Los altos niveles de deuda, la disminución de los ingresos o los modelos de negocio insostenibles pueden indicar posibles oportunidades cortas. Los vendedores en corto fundamentales adoptan una visión a más largo plazo, con el objetivo de beneficiarse de la eventual realización del valor real de la acción a medida que los participantes del mercado reevalúan las perspectivas de la empresa.

Las estrategias de arbitraje también juegan un papel en las ventas en corto. Cuando hay diferencias de precios entre los instrumentos vinculados, como las acciones y sus derivados o varias clases de acciones de la misma corporación, los arbitrajistas intentan aprovechar estas diferencias. Las ventas en corto pueden utilizarse para capitalizar valores sobrevalorados en un mercado en relación con otro o para beneficiarse de las dislocaciones temporales de precios causadas por factores como las limitaciones de liquidez o las ineficiencias del mercado.

Las estrategias de venta en corto impulsadas por eventos se centran en catalizadores específicos que se espera que afecten negativamente al precio de las acciones de una empresa. Estos catalizadores pueden incluir decepciones de ganancias, investigaciones regulatorias, cambios de gestión o eventos geopolíticos. Los vendedores en corto impulsados por eventos anticipan el impacto de estos eventos en el sentimiento de los inversores y buscan beneficiarse de la caída resultante en el precio de las acciones. Este enfoque requiere un análisis cuidadoso del evento y sus posibles implicaciones para el desempeño financiero de la empresa y la valoración de mercado.

Un elemento esencial de las tácticas efectivas de venta en corto es la gestión del riesgo. Los vendedores en corto se enfrentan a pérdidas potenciales ilimitadas si el precio de las acciones sube en lugar de bajar, ya que eventualmente deben recomprar las acciones prestadas al precio de mercado vigente. Los vendedores en corto a menudo emplean órdenes de stop-loss para mitigar este riesgo y limitar sus pérdidas en movimientos de precios adversos. Mantener una cartera diversificada de posiciones cortas también puede ayudar a distribuir el riesgo entre múltiples valores y sectores.

Las estrategias de venta en corto también implican desafíos y consideraciones únicos en comparación con las estrategias tradicionales a largo plazo. Por ejemplo, los vendedores en corto deben lidiar con la posibilidad de short squeezes, donde un rápido aumento en el precio de las acciones los obliga a cubrir sus posiciones con pérdidas para limitar más pérdidas. La venta en corto también conlleva el riesgo de llamadas de margen, en las que los corredores exigen garantías adicionales si el valor de los valores en corto supera un determinado umbral. Debido a esto, la venta en corto requiere una comprensión profunda de la dinámica del mercado, las estrategias de gestión de riesgos y la capacidad de actuar rápidamente en respuesta a las circunstancias cambiantes.

En resumen, las estrategias de venta en corto ofrecen a los inversores un medio para beneficiarse de la caída de los precios de las acciones a través de diversos enfoques, como el trading de impulso, el análisis fundamental, el arbitraje y el trading basado en eventos. El éxito de la venta en corto requiere una cuidadosa gestión del riesgo, una investigación exhaustiva y la navegación por los desafíos únicos de apostar contra el mercado. Al emplear eficazmente estas estrategias, los inversores pueden generar rendimientos tanto en los mercados alcistas como en los bajistas.

Técnicas de cobertura: opciones, futuros y derivados

La gestión del riesgo y la protección de las carteras de inversión frente a las fluctuaciones desfavorables del mercado requieren estrategias de cobertura que incorporen opciones, futuros y derivados. A los inversores que compran o venden un artículo a un precio definido dentro de un rango de tiempo específico se les otorgan opciones, pero no están obligados a hacerlo. Al comprar opciones de venta, los inversores pueden protegerse contra las disminuciones en el valor de sus tenencias de cartera, ya que las opciones de venta aumentan de valor cuando los activos subyacentes disminuyen de precio. Por el contrario, las opciones de compra pueden protegerse contra las pérdidas en posiciones cortas o capitalizar el potencial alcista al tiempo que limitan el riesgo a la baja. Las estrategias de opciones, como collares, straddles y spreads, ofrecen flexibilidad adicional a la hora de adaptar las estrategias de cobertura para cumplir objetivos específicos de gestión de riesgos.

Los contratos de futuros son otra herramienta de cobertura popular que permite a los inversores bloquear los precios de las transacciones futuras. Los contratos de futuros imponen obligaciones al vendedor de entregar el activo subyacente a un precio y fecha preestablecidos o al comprador de comprarlo. Los inversores pueden protegerse contra las fluctuaciones de los precios de las materias primas, los tipos de interés o los tipos de cambio de divisas tomando una posición en los contratos de futuros. Por ejemplo, un fabricante puede utilizar contratos de futuros para protegerse contra el aumento de los precios de las materias primas, mientras que un agricultor puede protegerse contra las condiciones climáticas adversas que afectan el rendimiento de los cultivos. Los contratos de futuros son útiles para la gestión de riesgos en mercados erráticos porque ofrecen un descubrimiento de precios y liquidez efectivos.

Los derivados son una amplia categoría de productos financieros cuyo valor se deriva de un activo subyacente o de un tipo de referencia. La tasa de interés, el crédito y el riesgo de mercado son solo algunos de los peligros que los derivados pueden cubrir de manera flexible. Por ejemplo, los swaps de tasas de interés permiten a las partes intercambiar pagos a tasa fija y variable para protegerse contra las fluctuaciones en las tasas de interés. Las permutas de incumplimiento crediticio protegen contra el incumplimiento por parte de un prestatario o emisor de títulos de deuda. Los derivados se pueden personalizar para satisfacer las necesidades específicas de gestión de riesgos de los inversores, ofreciendo soluciones a medida para cubrir carteras complejas.

La cobertura con opciones, futuros y derivados implica considerar cuidadosamente el costo, la liquidez y el riesgo de contraparte. Si bien estos instrumentos ofrecen valiosos beneficios de gestión de riesgos, también conllevan ciertos inconvenientes y limitaciones. Las primas de opciones, los requisitos de margen futuros y los términos de los contratos de derivados pueden afectar la rentabilidad de las estrategias de cobertura. Los mercados ilíquidos o las interrupciones del comercio pueden obstaculizar la eficiencia de las transacciones de cobertura. La diligencia debida y el seguimiento son herramientas necesarias para gestionar el riesgo de contraparte, que es la posibilidad de que una de las partes de una de las partes de una operación de derivados incumpla.

El éxito de la cobertura requiere una comprensión integral de los riesgos subyacentes y de las características y mecánicas de los instrumentos de cobertura empleados. Las estrategias de cobertura deben estar alineadas con la tolerancia al riesgo, los objetivos de inversión y las perspectivas del mercado del inversor.

Perio se está reequilibrando, y es posible que sea necesario realizar ajustes para mantener la eficacia de las posiciones de cobertura en respuesta a las condiciones cambiantes del mercado. Los inversores pueden aumentar la resiliencia de la cartera y reducir el impacto de los movimientos desfavorables del mercado en el rendimiento de la inversión añadiendo opciones, futuros y derivados a su conjunto de herramientas de técnicas de gestión de riesgos.

CAPÍTULO VI

Gestión de Riesgos y Finanzas Conductuales

Entendiendo el Riesgo: Riesgo Sistemático y No Sistemático

Los inversores deben asumir riesgos para gestionar sus carteras y tomar decisiones bien informadas de forma adecuada. Dos categorías principales de riesgo a las que se enfrentan los inversores son el riesgo sistemático y el riesgo no sistemático. El riesgo sistemático o de mercado se refiere a los riesgos que afectan a todo el mercado o a un segmento de mercado en particular. Estos riesgos son inherentes al entorno económico y de mercado general y no pueden diversificarse mediante la asignación de carteras. Las variaciones en las tasas de interés, las tasas de inflación, los eventos geopolíticos y los indicadores macroeconómicos como el crecimiento del PIB y la confianza del consumidor son ejemplos de factores de riesgo sistémicos. El riesgo sistemático afecta en mayor o menor medida a todas las inversiones, independientemente de sus características específicas o de su diversificación.

Por el contrario, el riesgo no sistemático, también conocido como riesgo específico o idiosincrásico, se refiere a los riesgos específicos de activos individuales o empresas. El riesgo no sistemático puede surgir de eventos específicos de la empresa, tendencias de la industria, presiones competitivas, decisiones de gestión y cambios regulatorios. A diferencia del riesgo sistemático, el riesgo no sistemático puede mitigarse a través de la diversificación, ya que es distintivo de determinados activos o sectores. Los inversores pueden reducir el impacto del riesgo no sistemático en sus rendimientos generales de la inversión manteniendo una amplia cartera de activos de diferentes industrias, clases de activos y regiones geográficas. Al distribuir el riesgo entre una variedad más amplia de activos, la diversificación mejora los rendimientos ajustados al riesgo y ayuda a minimizar las diferencias en el rendimiento de la cartera.

La distinción entre riesgos sistemáticos y no sistemáticos es esencial para que los inversores la entiendan a la hora de evaluar sus carteras de inversión e implementar estrategias de gestión de riesgos. El riesgo sistemático afecta a todas las inversiones simultáneamente y no se puede diversificar, lo que lo convierte en un componente generalizado e inevitable del riesgo de inversión. Por ello, los inversores deben tener en cuenta los factores de riesgo sistemáticos a la hora de formular sus estrategias de inversión y sus decisiones de asignación de activos. Las clases de activos incluyen materias primas, bienes raíces, acciones y bonos, que pueden exhibir diferentes sensibilidades a los factores de riesgo sistemáticos. Esto lleva a los inversores a asignar sus carteras en consecuencia para lograr el perfil de riesgo-rentabilidad deseado.

El riesgo no sistemático, por otro lado, es exclusivo de los activos o sectores individuales y puede mitigarse mediante la diversificación. Los inversores pueden disminuir el efecto del riesgo no sistemático en los rendimientos totales de sus inversiones manteniendo una cartera de inversiones variada. La diversificación implica distribuir el capital de inversión entre varios activos con diferentes perfiles de riesgo-rendimiento, reduciendo así la concentración del riesgo en una sola inversión o sector. Si bien la diversificación no puede eliminar todos los riesgos de una cartera, puede ayudar a los inversores a lograr rendimientos más consistentes a lo largo del tiempo y reducir el potencial de pérdidas catastróficas asociadas con las posiciones concentradas.

En conclusión, hay dos tipos principales de riesgo que los inversores deben gestionar mientras gestionan sus carteras: el sistemático y el no sistemático. Tanto un nicho de mercado específico como el mercado en general se ven afectados por el riesgo sistemático. El riesgo no sistemático, por otro lado, se relaciona con riesgos exclusivos de activos o industrias individuales y es reducible a través de la diversificación, aunque no se puede eliminar. Los inversores pueden crear carteras que se adapten a su tolerancia al riesgo, sus objetivos de inversión y su horizonte temporal siendo conscientes de estos riesgos y de cómo afectan a la toma de decisiones de inversión. Al diversificar las inversiones, asignar activos y evaluar y ajustar continuamente las tenencias, una gestión eficaz del riesgo equilibra la exposición a peligros sistemáticos y no sistemáticos.

Estrategias de Dimensionamiento de Posiciones y Asignación de Carteras

El tamaño de la posición y las estrategias de asignación de carteras son aspectos fundamentales de la gestión de inversiones cruciales para alcanzar los objetivos deseados de riesgo-rendimiento. Determinar cuánto dinero poner en cada inversión en una cartera se conoce como tamaño de la posición. Por el contrario, la asignación de carteras implica la distribución de capital entre diferentes clases de activos, sectores y regiones geográficas. El dimensionamiento eficaz de las posiciones y las estrategias de asignación de carteras son esenciales para optimizar los rendimientos ajustados al riesgo, gestionar la volatilidad y lograr la diversificación.

Una técnica de dimensionamiento de posición comúnmente utilizada es el método fraccionario fijo, que asigna un porcentaje predeterminado de capital a cada posición comercial o de inversión. Este enfoque garantiza que se tomen posiciones más prominentes en operaciones de mayor convicción, al tiempo que limita el impacto de las pérdidas en el rendimiento general de la cartera. Al ajustar el tamaño de las posiciones en función del tamaño de la cuenta de trading, los inversores pueden gestionar el riesgo y mantener la coherencia en su enfoque de trading en diferentes condiciones de mercado.

Otro enfoque para el dimensionamiento de posiciones es el Criterio de Kelly, llamado así por el matemático John L. Kelly Jr., que busca maximizar la tasa de crecimiento a largo plazo de una cartera mediante la asignación de capital en proporción al rendimiento esperado y al riesgo de cada oportunidad de inversión. El criterio de Kelly tiene en cuenta la probabilidad de éxito y la rentabilidad potencial de cada operación o inversión, lo que permite a los inversores dimensionar las posiciones en función de su ventaja y la asimetría de la oportunidad. Si bien el criterio de Kelly puede conducir a un dimensionamiento agresivo de la posición en escenarios favorables, también requiere estimaciones precisas de probabilidades y beneficios y un estricto cumplimiento de las reglas de dimensionamiento de la posición para evitar la asunción excesiva de riesgos.

Las técnicas de asignación de carteras tienen como objetivo diversificar las inversiones y reducir el riesgo general de la cartera mediante la distribución de fondos entre varios tipos de activos. Un enfoque común para la asignación de carteras es la asignación estratégica de activos, que implica establecer asignaciones objetivo a diferentes clases de activos en función de los objetivos de inversión a largo plazo, la tolerancia al riesgo y las expectativas de rentabilidad. La asignación estratégica de activos suele consistir en una combinación de acciones, bonos, efectivo e inversiones alternativas, con asignaciones que se reequilibran periódicamente para mantener las ponderaciones objetivo y adaptarse a las condiciones cambiantes del mercado.

Las estrategias tácticas de asignación de activos, por otro lado, implican realizar ajustes a corto plazo en las asignaciones de cartera en función de las previsiones del mercado, los indicadores económicos y las métricas de valoración. La asignación táctica de activos busca capitalizar las ineficiencias del mercado a corto plazo y explotar las oportunidades de rendimiento superior dentro de clases de activos o sectores específicos. Si bien la asignación táctica de activos puede mejorar los rendimientos de la cartera aprovechando las tendencias y el impulso del mercado, también requiere una sincronización hábil del mercado y la capacidad de diferenciar entre el ruido a corto plazo y los fundamentales a largo plazo.

Las técnicas dinámicas de asignación de activos incluyen componentes tácticos y estratégicos de asignación de activos para proporcionar flexibilidad en la modificación de las asignaciones de cartera en respuesta a las circunstancias cambiantes del mercado y las oportunidades de inversión. Los marcos dinámicos de asignación de activos pueden incorporar modelos cuantitativos, análisis técnicos e investigación fundamental para guiar las decisiones de inversión y optimizar los rendimientos ajustados al riesgo. Al ajustar dinámicamente las asignaciones de la cartera en respuesta a la evolución de la dinámica del mercado, los inversores pueden adaptarse a los factores de riesgo cambiantes y capitalizar las oportunidades emergentes al tiempo que mitigan el riesgo a la baja.

Las estrategias de paridad de riesgo representan otro enfoque de la asignación de carteras que tiene como objetivo igualar las contribuciones al riesgo entre las diferentes clases de activos dentro de una cartera. Las carteras de paridad de riesgo asignan capital en función de la volatilidad de cada clase de activos, con el objetivo de lograr un perfil de riesgo equilibrado y maximizar los beneficios de la diversificación. Las estrategias de paridad de riesgo suelen asignar más capital a activos menos volátiles, como los bonos, y asignan menos capital a inversiones más volátiles, como las acciones, con el objetivo de lograr un perfil de rentabilidad ajustado al riesgo más estable a lo largo del tiempo.

En resumen, el tamaño de las posiciones y las estrategias de asignación de carteras son componentes esenciales de la gestión de inversiones que son fundamentales para alcanzar los objetivos deseados de riesgo-rendimiento. Las técnicas efectivas de dimensionamiento de posiciones ayudan a los inversores a gestionar el riesgo y optimizar los rendimientos al determinar la cantidad adecuada de capital para cada operación o posición de inversión. Las técnicas de asignación de carteras tienen como objetivo lograr la diversificación y minimizar el riesgo total de la cartera mediante la distribución del dinero de la inversión entre varias clases de activos, industrias y áreas geográficas. Los inversores pueden alcanzar objetivos de inversión a largo plazo, reducir la volatilidad y mejorar el rendimiento de la cartera mediante la implementación de métodos inteligentes de asignación de carteras y dimensionamiento inteligente de posiciones.

Sesgos conductuales en la inversión: superar el miedo, la codicia y el anclaje

Los sesgos conductuales influyen en gran medida en la forma en que los inversores toman decisiones y pueden afectar profundamente al rendimiento de la cartera. Dos sesgos comunes con los que los inversores suelen luchar son el miedo y la codicia. El miedo puede llevar a los inversores a tomar decisiones demasiado conservadoras, como vender inversiones a la primera señal de volatilidad del mercado o evitar por completo oportunidades potencialmente lucrativas. Por el contrario, la codicia puede hacer que los inversores asuman riesgos excesivos en busca de altos rendimientos, lo que lleva a decisiones de inversión imprudentes y a la susceptibilidad a las burbujas especulativas.

Superar el miedo y la codicia requiere un enfoque disciplinado para la toma de decisiones de inversión y un compromiso con una estrategia de inversión bien definida. Los inversores pueden reducir la influencia de estos sesgos concentrándose en los objetivos a largo plazo, manteniendo una cartera diversificada y absteniéndose de responder precipitadamente a las oscilaciones del mercado a corto plazo. Al apegarse a un enfoque lógico y disciplinado de la inversión, los inversores pueden mejorar sus resultados generales de inversión y disminuir el impacto del miedo y la codicia en su proceso de toma de decisiones.

Otro sesgo de comportamiento cotidiano al que se enfrentan los inversores es el anclaje, que se refiere a confiar demasiado en una sola información o punto de referencia a la hora de tomar decisiones. Como resultado del anclaje, un inversor puede obsesionarse con el rendimiento histórico, las recomendaciones de los analistas o los objetivos de precios arbitrarios, que pueden no reflejar con precisión el estado del mercado o los principios subyacentes de la inversión.

Los inversores pueden utilizar métodos como el análisis de escenarios, las pruebas de sensibilidad y las pruebas de estrés para evaluar los posibles efectos de diversos escenarios en su tesis de inversión para combatir el sesgo de anclaje. Al desafiar sus suposiciones y considerar una serie de resultados potenciales, los inversores pueden tomar decisiones más informadas y evitar los escollos del sesgo de anclaje. Además, la búsqueda de perspectivas diversas y la participación en un debate constructivo con sus pares o profesionales de la inversión puede ayudar a los inversores a superar la tendencia a anclarse en un solo punto de vista o referencia.

Además del miedo, la codicia y el anclaje, los inversores también pueden lidiar con sesgos de comportamiento como el sesgo de confirmación, el exceso de confianza y la mentalidad de rebaño. La propensión a pasar por alto la evidencia que desafía las nociones preconcebidas o los sesgos a favor de los datos que las respaldan se conoce como sesgo de confirmación. Esto puede dar lugar a una mala toma de decisiones y a la pérdida de oportunidades. A la hora de tomar decisiones financieras, los inversores con sesgo de exceso de confianza tienden a sobreestimar sus habilidades y subestimar los riesgos, lo que da lugar a una negociación excesiva y a un rendimiento inferior de la cartera. La propensión a seguir al rebaño y adherirse al sentimiento general del mercado, especialmente frente a hechos contradictorios o análisis lógicos, se conoce como el sesgo de la mentalidad de rebaño.

Superar estos sesgos conductuales requiere autoconciencia, disciplina y un compromiso con el aprendizaje y la mejora continuos. Los inversores pueden mitigar el impacto del sesgo de confirmación buscando activamente opiniones disidentes y desafiando sus suposiciones. Del mismo modo, combatir el sesgo de exceso de confianza implica reconocer las limitaciones del conocimiento y la experiencia de uno y permanecer humilde frente a la incertidumbre. Por último, superar el sesgo de la mentalidad de rebaño requiere que los inversores piensen de forma independiente, lleven a cabo su investigación y resistan la tentación de seguir a la multitud sin pensar.

En resumen, los sesgos conductuales como el miedo, la codicia, el anclaje, el sesgo de confirmación, el exceso de confianza y la mentalidad de rebaño pueden influir significativamente en las decisiones de inversión y en el rendimiento de la cartera. Superar estos sesgos requiere autoconciencia, disciplina y un compromiso con la toma de decisiones racionales. Los inversores pueden atenuar los efectos de los sesgos de comportamiento y aumentar sus posibilidades de alcanzar sus objetivos financieros manteniendo una perspectiva a largo plazo, siguiendo una estrategia de inversión bien definida y desafiando constantemente sus suposiciones.

Establecimiento de Stop Loss y Límites de Riesgo

Una parte esencial del control del riesgo comercial y de la inversión es establecer límites de riesgo y detener las pérdidas. Un stop loss es un precio fijo al que un operador liquidará un valor para reducir las pérdidas posicionales. Los inversores pueden salvaguardar su patrimonio y disminuir los efectos adversos de la volatilidad de los mercados en sus carteras mediante la implementación de órdenes de stop-loss. Los stop loss son útiles cuando se negocian valores altamente especulativos o en mercados impredecibles con una mayor probabilidad de grandes movimientos de precios.

Los stop loss se pueden establecer en función de varios factores, incluidos los indicadores técnicos, los niveles de soporte y resistencia y las medidas de volatilidad. Los traders técnicos suelen utilizar medias móviles, líneas de tendencia y patrones gráficos para identificar posibles niveles de stop-loss. Al mismo tiempo, los inversores fundamentales pueden establecer stop loss en función de métricas de valoración, proyecciones de beneficios u otros factores esenciales. Independientemente de la metodología utilizada, la clave es establecer niveles de stop-loss que se alineen con la tolerancia al riesgo, los objetivos de inversión y el horizonte temporal del inversor.

Además de establecer stop loss en posiciones individuales, los inversores deben establecer límites de riesgo para su cartera general. Los límites de riesgo definen la cantidad máxima de capital que un inversor está dispuesto a arriesgar en cualquier operación o inversión y la exposición máxima al riesgo agregado en toda la cartera. Al establecer límites de riesgo, los inversores pueden asegurarse de no exponerse a un riesgo excesivo ni sufrir pérdidas catastróficas que puedan poner en peligro su bienestar financiero.

Los límites de riesgo pueden expresarse como un porcentaje del capital total o un monto máximo en dólares, según las preferencias del inversionista y la estrategia de gestión de riesgos. Por ejemplo, un inversor puede decidir limitar su exposición al riesgo al 2% de su capital total en una sola operación o establecer una cantidad máxima en dólares que esté dispuesto a perder en una posición en particular. Los límites de riesgo deben revisarse y ajustarse periódicamente a medida que cambien las condiciones del mercado y evolucione la tolerancia al riesgo o la situación financiera del inversor.

Los inversores deben considerar estrategias adicionales de gestión de riesgos, como el tamaño de las posiciones, la cobertura y la diversificación, además de establecer límites de stop loss y riesgo. La distribución del dinero de inversión en una serie de activos, industrias y áreas geográficas se conoce como diversificación, y sirve para disminuir el impacto de los valores individuales o los riesgos específicos de la industria en la cartera en su conjunto. Determinar la cantidad correcta de efectivo para comprometer en cada operación o posición de inversión en función de factores como la volatilidad, la correlación con otras tenencias de cartera y el perfil de riesgo-recompensa se conoce como tamaño de la posición. La cobertura mitiga el riesgo de cambios desfavorables en los precios de determinados valores o segmentos del mercado mediante el empleo de derivados u otros instrumentos.

La gestión eficaz del riesgo requiere un enfoque disciplinado, una cuidadosa consideración de las compensaciones entre riesgo y recompensa y la adaptación a las condiciones cambiantes del mercado. Al establecer límites de riesgo y stop loss, diversificar sus carteras, dimensionar las posiciones de manera adecuada y emplear estrategias de cobertura, cuando sea necesario, los inversores pueden mitigar el impacto de los movimientos adversos del mercado y proteger su capital a largo plazo. Si bien ninguna estrategia de gestión de riesgos puede garantizar ganancias o eliminar pérdidas, una gestión prudente de riesgos puede ayudar a los inversores a navegar por mercados volátiles y alcanzar sus objetivos de inversión con mayor confianza y tranquilidad.

Aspectos psicológicos de la inversión: paciencia, disciplina e inteligencia emocional

El éxito como inversor está muy influenciado por factores psicológicos relacionados con la inversión, como la inteligencia emocional, la disciplina y la paciencia. La paciencia es la capacidad de tolerar las fluctuaciones a corto plazo en el mercado sin sucumbir a la tentación de tomar decisiones impulsivas. Los inversores pacientes entienden que invertir es un esfuerzo a largo plazo y que lograr rendimientos significativos a menudo requiere soportar períodos de volatilidad e incertidumbre en el mercado. Al mantener una mentalidad paciente, los inversores pueden alejarse de las trampas del pensamiento a corto plazo y concentrarse en los objetivos de inversión a largo plazo.

La disciplina es otro rasgo esencial para los inversores exitosos. Los inversores disciplinados se adhieren a una estrategia de inversión bien definida y resisten la tentación de desviarse de su plan en respuesta a las fluctuaciones del mercado o a las influencias externas. Esto implica ceñirse a criterios predeterminados de compra y venta, mantener una cartera diversificada y evitar la toma de decisiones emocionales. La disciplina ayuda a los inversores a evitar errores comunes, como perseguir tendencias candentes, sucumbir al miedo o la codicia, u operar en exceso, lo que puede erosionar los rendimientos de la cartera.

La inteligencia emocional, o el reconocimiento y la gestión de las propias emociones, es fundamental para tomar decisiones de inversión acertadas. Los inversores emocionalmente inteligentes conocen sus sesgos y limitaciones cognitivas y pueden mantener la calma y la racionalidad en la volatilidad y la incertidumbre del mercado. Son conscientes de que sentimientos como el miedo, la codicia y la arrogancia pueden afectar el juicio y dar lugar a decisiones financieras nefastas. Al cultivar la inteligencia emocional, los inversores pueden tomar decisiones más objetivas y basadas en la evidencia y evitar los efectos perjudiciales de los sesgos emocionales en el rendimiento de sus inversiones.

Desarrollar la paciencia, la disciplina y la inteligencia emocional requiere autoconciencia, práctica y aprendizaje continuo. Los inversores pueden cultivar estos rasgos reflexionando sobre sus decisiones de inversión pasadas, analizando sus procesos de pensamiento y patrones de comportamiento, y buscando comentarios de sus compañeros o profesionales de la inversión. Además, la meditación de atención plena, la visualización y la terapia cognitivo-conductual pueden ayudar a los inversores a gestionar el estrés, regular las emociones y tomar decisiones razonadas bajo presión.

Además de los factores psicológicos individuales, las influencias sociales pueden afectar el comportamiento de inversión. La inclinación a emular el comportamiento de los demás o la prueba social puede hacer que los inversores actúen en manada y aumenten la volatilidad del mercado. El miedo a perderse algo (FOMO, por sus siglas en inglés) puede llevar a los inversores a perseguir tendencias candentes o activos especulativos, lo que lleva a precios inflados y eventuales correcciones del mercado. Por el contrario, los inversores contrarios dispuestos a ir en contra de la multitud pueden capitalizar las ineficiencias del mercado y explotar los activos con precios incorrectos.

Superar las barreras psicológicas para invertir requiere una combinación de autoconciencia, educación y estrategias prácticas. Los inversores pueden beneficiarse de establecer objetivos de inversión claros, desarrollar un plan de inversión bien definido y buscar orientación profesional cuando sea necesario. Al cultivar la paciencia, la disciplina y la inteligencia emocional, los inversores pueden navegar por mercados volátiles, resistir contratiempos a corto plazo y, en última instancia, lograr sus objetivos financieros a largo plazo con mayor confianza y resiliencia.

CAPÍTULO VII

Sincronización del mercado y asignación táctica de activos

Estrategias de sincronización del mercado: seguimiento de tendencias, enfoques contrarios

Las estrategias de sincronización del mercado, como el seguimiento de tendencias y los enfoques contrarios, son técnicas que los inversores y traders utilizan para capitalizar los movimientos del mercado y lograr rendimientos superiores. La base del seguimiento de tendencias es aprovechar las tendencias del mercado y beneficiarse de los aumentos o disminuciones en el precio. Las medias móviles, las líneas de tendencia y los indicadores de impulso son ejemplos de herramientas de análisis técnico que los seguidores de tendencias emplean con frecuencia para detectar y aprovechar los movimientos de precios de los activos. Los seguidores de la tendencia buscan maximizar las ganancias y minimizar las pérdidas entrando en posiciones al principio de la tendencia y saliendo antes de que la tendencia se invierta. Lo hacen siguiendo la dirección de la tendencia actual.

Los enfoques contrarios, por el contrario, implican tomar posiciones que van en contra del sentimiento predominante del mercado o de la opinión de consenso. Los inversores contrarios creen que los mercados son propensos a reaccionar de forma exagerada a las noticias y los acontecimientos, lo que da lugar a precios erróneos y a oportunidades de beneficios. Al comprar activos baratos que no gozan del favor del mercado o vender activos sobrevalorados que experimentan un optimismo excesivo o un frenesí especulativo, los contrarios intentan beneficiarse de las ineficiencias del mercado. Los inversores contrarios buscan superar al mercado a largo plazo comprando barato y vendiendo caro tomando posiciones en contra del sentimiento popular.

Tanto los enfoques de seguimiento de tendencias como los contrarios tienen sus puntos fuertes y débiles, y cada uno de ellos puede ser más adecuado en diferentes entornos de mercado o para varios tipos de inversores. Las estrategias de seguimiento de tendencias tienden a funcionar bien en mercados de tendencia caracterizados por movimientos de precios precisos y sostenidos en una dirección, como los mercados alcistas o bajistas. Sin embargo, pueden tener un rendimiento inferior en mercados agitados o dentro de un rango en el que los precios oscilan dentro de un rango estrecho, lo que da lugar a frecuentes latigazos y señales falsas. Los enfoques contrarios, por el contrario, pueden tener un rendimiento superior en los mercados volátiles o que revierten a la media en los que el sentimiento oscila entre los extremos y los precios vuelven a sus medias a largo plazo a lo largo del tiempo. Sin embargo, las estrategias contrarias pueden requerir paciencia y disciplina para soportar pérdidas a corto plazo o períodos de bajo rendimiento antes de que el mercado reconozca el valor de la posición contraria.

La implementación exitosa de estrategias de sincronización de mercado requiere una cuidadosa consideración de la gestión de riesgos, el tamaño de la posición y el horizonte temporal. Los seguidores de la tendencia deben gestionar el riesgo de quedar atrapados en un cambio de tendencia y sufrir pérdidas significativas si el mercado cambia bruscamente de dirección. Los opositores deben estar preparados para soportar períodos de reducción e incertidumbre mientras esperan que el mercado reconozca el valor de sus posiciones contrarias. Ambos enfoques requieren disciplina y adhesión a reglas de trading predefinidas para evitar la toma de decisiones emocionales y el comportamiento impulsivo.

Además del seguimiento de tendencias y los enfoques contrarios, los inversores pueden emplear ambas estrategias o incorporar otras técnicas como la reversión a la media, el reconocimiento de patrones o el análisis cuantitativo en su arsenal de sincronización del mercado. Algunos inversores pueden utilizar estrategias de seguimiento de tendencias para identificar posibles puntos de entrada y salida, al tiempo que utilizan enfoques contrarios para tomar posiciones contra el sentimiento predominante del mercado de forma selectiva. Otros pueden utilizar un enfoque sistemático que combina múltiples indicadores o señales para generar señales de compra y venta, reduciendo así la dependencia de factores individuales o juicios subjetivos.

En resumen, los traders e inversores pueden beneficiarse de los movimientos del mercado y producir alfa mediante el empleo de técnicas de sincronización del mercado, incluido el seguimiento de tendencias y los métodos contrarios. Aunque cada estrategia tiene ventajas y desventajas, la disciplina, la gestión de riesgos y una comprensión profunda de la dinámica del mercado son necesarias para una implementación exitosa. Al añadir tácticas de sincronización del mercado a su conjunto de herramientas, los inversores pueden aumentar los rendimientos, controlar el riesgo y lograr sus objetivos financieros con mayor confianza y eficacia.

Tendencias estacionales y efectos de calendario

Las tendencias estacionales y los efectos del calendario influyen significativamente en varios aspectos de nuestras vidas, como la economía, las finanzas y las actividades cotidianas. Estas tendencias se refieren a patrones recurrentes y fluctuaciones influenciadas por la época del año, como días festivos, cambios climáticos y eventos culturales. Dado que estas tendencias pueden afectar potencialmente los procesos y resultados de la toma de decisiones, los individuos, las empresas, los inversores y los gobiernos deben comprenderlas y analizarlas.

En economía y finanzas, las tendencias estacionales y los efectos del calendario son consideraciones importantes a la hora de hacer predicciones, evaluar riesgos y formular estrategias. Por ejemplo, en el comercio minorista, las ventas a menudo aumentan durante días festivos como Navidad o Acción de Gracias, lo que lleva a un mayor gasto de los consumidores. Del mismo modo, la industria turística experimenta temporadas altas durante épocas específicas del año, como las vacaciones de verano o las vacaciones de invierno, lo que afecta la demanda y los precios de los viajes.

Además, las tendencias estacionales y los efectos del calendario también pueden influir en los mercados agrícolas. Las temporadas de siembra y cosecha y los patrones climáticos pueden afectar el rendimiento de los cultivos, los niveles de suministro y los precios. Por ejemplo, el costo de ciertas frutas y verduras puede fluctuar a lo largo del año dependiendo de factores como las condiciones de cultivo y los tiempos de cosecha.

En los mercados financieros, las tendencias estacionales y los efectos del calendario se observan de diversas maneras. Una ocurrencia frecuente es el "efecto enero", en el que los precios de las acciones suelen subir en enero después de una caída alrededor del cierre del año anterior. Se culpa de este efecto a las modificaciones de la cartera de fin de año y a la recolección de pérdidas fiscales. De manera similar, el enfoque de "vender en mayo y desaparecer" aconseja a los inversores que aprovechen sus ventas de acciones de mayo y reinviertan las ganancias en noviembre, citando récords anteriores de rendimientos menores en el verano.

Además, los efectos del calendario, como los períodos de información de fin de trimestre o de fin de año, pueden afectar al comportamiento del mercado. Las empresas pueden utilizar el escaparate para ajustar sus carteras o estados financieros con el fin de presentar una imagen más favorable a los inversores antes de los plazos de presentación de informes. Además, el momento de los pagos de dividendos, los pagos de intereses y los vencimientos de las opciones pueden influir en la actividad comercial y los precios de los activos.

Más allá de la economía y las finanzas, las tendencias estacionales y los efectos del calendario también influyen en el comportamiento de los consumidores, los resultados de salud y la dinámica social. Por ejemplo, las membresías de gimnasios y los hábitos alimenticios saludables a menudo aumentan a principios de año a medida que las personas hacen propósitos de Año Nuevo. Del mismo modo, la temporada de gripe suele alcanzar su punto máximo durante el invierno, lo que aumenta las tasas de enfermedad y la utilización de la atención médica.

En conclusión, las tendencias estacionales y los efectos del calendario son fenómenos generalizados que afectan a diversos aspectos de nuestras vidas. Reconocer y comprender estas tendencias puede ayudar a las personas y a las instituciones a tomar decisiones bien informadas, anticipar modificaciones y adaptarse a situaciones cambiantes. Comprender las tendencias estacionales y los efectos del calendario puede ayudar con las tareas comerciales, financieras y diarias al ofrecer información detallada y oportunidades de optimización.

Estrategias tácticas de asignación de activos para diferentes condiciones de Mercado

Las estrategias tácticas de asignación de activos son esenciales para los inversores que buscan optimizar sus carteras en diferentes condiciones de mercado. Estas tácticas implican modificar activamente la asignación de activos de una cartera en respuesta a las condiciones actuales del mercado, los indicadores económicos y otras variables pertinentes. Al reasignar activos de forma dinámica, los inversores pretenden capitalizar las oportunidades y mitigar los riesgos en diversos entornos de mercado.

Las estrategias tácticas de asignación de activos pueden implicar una sobreponderación de la renta variable para maximizar la rentabilidad en mercados alcistas caracterizados por el aumento de los precios de las acciones y un sólido crecimiento económico. Los inversores pueden centrarse en sectores o industrias preparados para beneficiarse de las tendencias económicas predominantes, como la tecnología, el consumo discrecional o los servicios financieros. Además, la exposición a activos orientados al crecimiento, como las acciones de pequeña capitalización o los mercados emergentes, puede aumentar para captar mayores rendimientos potenciales durante las fases alcistas.

Por el contrario, las estrategias tácticas de asignación de activos pueden priorizar la preservación del capital y la mitigación del riesgo en mercados bajistas marcados por la caída de los precios de las acciones y la incertidumbre económica. Los inversores pueden destinar más dinero a activos defensivos como bonos, efectivo u oro y menos a acciones. Debido a su capacidad para resistir las recesiones económicas, también se puede dar preferencia a las industrias defensivas como los servicios públicos, la atención médica y los productos básicos de consumo. Además, se pueden utilizar técnicas como la cobertura de opciones y la venta en corto para protegerse contra posibles pérdidas en los mercados bajistas.

Durante los períodos de volatilidad e incertidumbre del mercado, las estrategias tácticas de asignación de activos pueden centrarse en la diversificación y la gestión del riesgo. Para reducir la volatilidad general de la cartera y mejorar los rendimientos ajustados al riesgo, los inversores pueden tratar de equilibrar sus carteras en diferentes clases de activos, regiones geográficas y filosofías de inversión. Las inversiones alternativas, como los fondos de cobertura, los bienes raíces y las materias primas, podrían proporcionar aún más diversificación y rendimientos no correlacionados.

Los entornos inflacionistas plantean desafíos únicos para los inversores, ya que el aumento de los precios erosiona el poder adquisitivo y los rendimientos reales. El aumento de las asignaciones a materias primas como el oro y el petróleo, que suelen tener un buen rendimiento durante los periodos inflacionarios, o los instrumentos protegidos contra la inflación, como los instrumentos del Tesoro protegidos contra la inflación (TIPS), son ejemplos de estrategias tácticas de asignación de activos durante los periodos inflacionarios. Para atenuar el efecto de la inflación en la rentabilidad de las empresas, también pueden ser preferibles las inversiones en empresas con poder de fijación de precios o con la capacidad de trasladar costes más significativos a los clientes.

Las estrategias tácticas de asignación de activos pueden hacer hincapié en la seguridad y la liquidez en entornos deflacionarios caracterizados por la caída de los precios y la contracción económica. Los inversores pueden aumentar las asignaciones a bonos de alta calidad, equivalentes de efectivo y sectores defensivos como los servicios públicos y los productos básicos de consumo. Además, la exposición a activos refugio, como los bonos del Estado y los metales preciosos, puede aumentar para protegerse contra las presiones deflacionarias y preservar el capital.

En general, las estrategias tácticas de asignación de activos son cruciales para navegar por las diferentes condiciones del mercado y lograr los objetivos de inversión. Los inversores pueden mejorar los rendimientos, gestionar los riesgos y adaptarse a entornos cambiantes ajustando activamente las asignaciones de la cartera en función de la dinámica del mercado y las tendencias económicas. Sin embargo, es esencial reconocer que la asignación táctica de activos implica incertidumbres y riesgos inherentes, y que una implementación exitosa requiere un análisis, disciplina y monitoreo cuidadosos.

Identificación de regímenes de mercado y ajuste de estrategias en consecuencia

Para los inversores que intentan gestionar las complejidades de los mercados financieros, es esencial reconocer los regímenes de mercado y modificar la estrategia en consecuencia. Los regímenes de mercado se refieren a distintas fases o condiciones que caracterizan el comportamiento de los precios de los activos y de la economía en general. Estos regímenes pueden variar desde períodos de crecimiento estable y baja volatilidad hasta períodos de mayor incertidumbre y volatilidad extrema. Al reconocer y comprender el régimen de mercado prevaleciente, los inversores pueden adaptar sus estrategias de inversión para capitalizar las oportunidades y mitigar los riesgos de manera efectiva.

Un enfoque común para identificar los regímenes de mercado es el análisis cuantitativo de los datos históricos y los indicadores clave del mercado. Esto puede implicar el análisis de la volatilidad de los precios, las correlaciones entre las clases de activos, los indicadores económicos y las medidas de sentimiento de los inversores. Al examinar los patrones y las relaciones en los datos históricos, los inversores pueden identificar regímenes de mercado recurrentes y desarrollar modelos para predecir futuros cambios de régimen.

Otro método para identificar los regímenes de mercado es el análisis cualitativo de los factores macroeconómicos, los acontecimientos geopolíticos y la evolución de las políticas. Al mantenerse informados sobre las tendencias económicas mundiales, las políticas de los bancos centrales y los riesgos geopolíticos, los inversores pueden obtener información sobre los impulsores subyacentes del comportamiento del mercado y anticipar los cambios en los regímenes del mercado. Por ejemplo, los cambios en las tasas de interés, las expectativas de inflación o las políticas comerciales pueden afectar significativamente los precios de los activos y la dinámica del mercado.

Una vez que se ha identificado el régimen de mercado vigente, los inversores pueden ajustar sus estrategias de inversión para optimizar los rendimientos ajustados al riesgo. En períodos de crecimiento estable y baja volatilidad, pueden ser adecuadas estrategias que hagan hincapié en la revalorización del capital y la asunción de riesgos. Esto puede implicar una sobreponderación de la renta variable, especialmente en sectores o regiones preparados para beneficiarse de las tendencias económicas predominantes. Además, la exposición a activos de mayor riesgo, como acciones de pequeña capitalización o mercados emergentes, puede aumentar para aprovechar posibles oportunidades alcistas.

Durante el aumento de la incertidumbre y la volatilidad extrema, las estrategias defensivas que priorizan la preservación del capital y la mitigación del riesgo pueden ser más apropiadas. Para lograrlo, puede ser necesario reducir la exposición a las acciones y aumentar las tenencias en activos defensivos como el oro, el efectivo o los bonos. Además, se pueden emplear estrategias como la cobertura a través de opciones o la venta en corto para protegerse contra el riesgo a la baja y los picos de volatilidad. Además, mantener una cartera diversificada que abarque varias clases de activos, áreas geográficas y filosofías de inversión ayuda a fortalecer la resiliencia de la cartera y a atenuar los efectos de situaciones de mercado desfavorables.

Las estrategias flexibles que se adaptan a la dinámica cambiante del mercado pueden ser ventajosas en los regímenes de mercado en transición, donde las condiciones están evolucionando y la incertidumbre es alta. Esto puede implicar un reequilibrio activo de las asignaciones de cartera, la rotación entre diferentes clases de activos o el ajuste de las exposiciones al riesgo en función de la evolución de las condiciones del mercado. El éxito a largo plazo también requiere evitar reacciones instintivas a las oscilaciones del mercado a corto plazo, adherirse a objetivos de inversión predeterminados y mantener un enfoque de inversión disciplinado.

Los inversores deben reconocer los regímenes del mercado y modificar sus planes de forma adecuada para navegar con éxito por el entorno del mercado financiero en constante cambio. Al identificar el entorno de mercado prevaleciente y adaptar las estrategias de inversión en consecuencia, los inversores pueden mejorar los rendimientos, gestionar los riesgos y alcanzar los objetivos financieros a largo plazo. Sin embargo, es esencial reconocer que los regímenes de mercado son inherentemente dinámicos y están sujetos a cambios, y que una adaptación exitosa requiere un monitoreo, análisis y disciplina continuos.

CAPÍTULO VIII

Situaciones Especiales e Inversiones Alternativas

Fusiones y Adquisiciones: Estrategias para Beneficiarse de las Acciones Corporativas

En el panorama dinámico de los negocios modernos, las fusiones y adquisiciones (M&A) son estrategias fundamentales para las empresas que buscan crecimiento, diversificación o ventaja competitiva. Estas acciones corporativas implican la consolidación de dos o más entidades, a menudo con el objetivo de lograr sinergias, ampliar el alcance del mercado o acceder a nuevas capacidades. Si bien las actividades de fusiones y adquisiciones presentan oportunidades prometedoras para mejorar el valor para los accionistas e impulsar la evolución de la organización, también conllevan riesgos y complejidades significativos que exigen una cuidadosa planificación, ejecución e integración posterior a la transacción.

Las estrategias para beneficiarse de las fusiones y adquisiciones abarcan un enfoque multifacético que abarca el análisis previo al acuerdo, las tácticas de negociación, los procesos de diligencia debida y las estrategias de integración posteriores a la fusión. En el núcleo de la ejecución exitosa de fusiones y adquisiciones se encuentra una comprensión integral de los objetivos estratégicos de la transacción, junto con una evaluación aguda de la dinámica del mercado, las consideraciones regulatorias y las posibles sinergias. Al adoptar una mentalidad estratégica y aprovechar la experiencia relevante, las partes interesadas pueden navegar por las complejidades de las transacciones de fusiones y adquisiciones para maximizar la creación de valor y mitigar los riesgos.

El análisis previo a la operación es una fase crítica en el proceso de fusiones y adquisiciones, en la que los adquirentes evalúan los objetivos potenciales y evalúan la justificación estratégica detrás de la transacción propuesta. Esto implica la realización de una investigación de mercado exhaustiva, un análisis financiero y una evaluación comparativa competitiva para identificar los objetivos de adquisición adecuados y determinar su alineación con los objetivos estratégicos del adquirente. Además, el análisis previo a la operación evalúa la compatibilidad cultural, las sinergias operativas y las implicaciones regulatorias de la fusión o adquisición propuesta, sentando las bases para la toma de decisiones informadas y las estrategias de negociación.

Las tácticas de negociación son fundamentales para dar forma a los términos y condiciones de las transacciones de fusiones y adquisiciones, influir en las valoraciones de los acuerdos y estructurar los acuerdos posteriores a la transacción. Las estrategias de negociación efectivas implican lograr un equilibrio entre maximizar el valor para los accionistas y abordar las preocupaciones de todas las partes interesadas involucradas. Esto puede implicar el aprovechamiento de la dinámica competitiva, la exploración de estructuras de acuerdos alternativas y el fomento de canales de comunicación abiertos para facilitar la creación de consenso e impulsar resultados favorables. Además, las tácticas de negociación deben priorizar la creación de valor y la sostenibilidad a largo plazo en lugar de centrarse únicamente en las ganancias a corto plazo o las presiones del mercado.

Los procesos de debida diligencia representan una piedra angular de las transacciones de fusiones y adquisiciones, lo que permite a los adquirentes evaluar la salud financiera, las capacidades operativas, el cumplimiento legal y los riesgos potenciales de la empresa objetivo. La debida diligencia exhaustiva implica el escrutinio de los estados financieros, las prácticas de auditoría y las presentaciones regulatorias para descubrir cualquier pasivo oculto, riesgo contingente o ineficiencia operativa que pueda afectar la viabilidad o valoración de la transacción. Además, los procesos de diligencia debida se extienden más allá de las métricas financieras para abarcar evaluaciones de ajuste cultural, evaluaciones del equipo de gestión y ejercicios de validación de sinergias, lo que garantiza la alineación entre los objetivos estratégicos del adquirente y las capacidades de la empresa objetivo.

Las estrategias de integración posteriores a la fusión son fundamentales para aprovechar las sinergias y las oportunidades de creación de valor previstas durante el proceso de fusiones y adquisiciones, al tiempo que mitigan las posibles interrupciones y choques culturales. Las estrategias de integración efectivas implican el desarrollo de un plan de integración detallado que abarque la reestructuración organizacional, la racionalización operativa, la integración de tecnología y las iniciativas de retención de talento. Además, los esfuerzos de integración posteriores a la fusión deben priorizar la comunicación con las partes interesadas, la gestión del cambio y el seguimiento del rendimiento para garantizar una transición fluida y la alineación con los objetivos estratégicos. Al fomentar una cultura organizacional colaborativa y adaptativa, las empresas pueden aprovechar todo el potencial de las transacciones de fusiones y adquisiciones para impulsar el crecimiento sostenible y la ventaja competitiva.

En conclusión, las fusiones y adquisiciones representan herramientas poderosas para las empresas que buscan capitalizar las oportunidades del mercado, impulsar el crecimiento y mejorar el valor para los accionistas. Sin embargo, la ejecución exitosa de fusiones y adquisiciones requiere un enfoque estratégico que abarque el análisis previo al acuerdo, las tácticas de negociación, los procesos de diligencia debida y las estrategias de integración posteriores a la fusión. Las partes interesadas pueden atravesar con éxito las complejidades de las actividades corporativas para lograr sus objetivos estratégicos y generar creación de valor a largo plazo mediante la adopción de un enfoque exhaustivo y sistemático de las transacciones de fusiones y adquisiciones.

Valores en dificultades y oportunidades de reestructuración

En el sector financiero, los valores en dificultades y las oportunidades de reestructuración surgen como vías intrigantes para los inversores que buscan capitalizar activos con precios erróneos y desbloquear el valor de las empresas de bajo rendimiento. Los valores en dificultades abarcan diversos instrumentos financieros, incluidos bonos, préstamos y acciones, emitidos por empresas que se enfrentan a dificultades financieras o a una reestructuración. Estos valores a menudo se negocian a precios reducidos en relación con su valor intrínseco, lo que refleja la incertidumbre del mercado y la aversión de los inversores al riesgo percibido. Sin embargo, para los inversores astutos con un profundo conocimiento de las estrategias de inversión en dificultades, estos valores presentan oportunidades atractivas para generar rendimientos descomunales a través de un análisis cuidadoso, un posicionamiento estratégico y un compromiso activo.

Las estrategias de inversión en dificultades implican identificar y capitalizar activos con precios incorrectos en situaciones de dificultades o de cambio, en las que las percepciones del mercado divergen de los fundamentales subyacentes. La clave del éxito de la inversión en dificultades es llevar a cabo un riguroso análisis fundamental para evaluar la salud financiera, los desafíos operativos y las perspectivas de reestructuración de la empresa en dificultades. Esto implica examinar los estados financieros, la dinámica del flujo de efectivo, las valoraciones de los activos y las estructuras de deuda para medir la gravedad de las dificultades y el potencial de realización del valor. Además, los inversores en dificultades deben navegar por complejos marcos legales y regulatorios que rigen los procedimientos de quiebra, las negociaciones de reestructuración de deuda y los procesos de liquidación de activos, lo que requiere experiencia especializada y visión estratégica.

Las oportunidades de cambio surgen cuando las empresas en dificultades implementan iniciativas estratégicas para revitalizar sus operaciones, mejorar el rendimiento financiero y recuperar la competitividad en el mercado. Las estrategias de reestructuración abarcan una serie de iniciativas, como la racionalización de costes, las mejoras en la eficiencia operativa, la optimización de la cartera de productos y los esfuerzos de reposicionamiento en el mercado. El éxito de los cambios depende de un liderazgo sólido, una ejecución disciplinada, la alineación de las partes interesadas y un profundo conocimiento de la dinámica de la industria, el posicionamiento competitivo y las preferencias de los consumidores. Además, los esfuerzos de reestructuración a menudo requieren una inyección de capital, asociaciones estratégicas o desinversiones de activos para fortalecer el balance de la empresa y respaldar la sostenibilidad a largo plazo.

La inversión en deuda en dificultades ofrece a los inversores una vía alternativa para obtener exposición a situaciones de dificultades a través de instrumentos de deuda, como bonos o préstamos bancarios, emitidos por empresas con problemas financieros. Los inversores en deuda en dificultades tratan de capitalizar las perturbaciones del mercado y las dificultades de los acreedores mediante la adquisición de títulos de deuda en dificultades a precios reducidos y la negociación de condiciones de reestructuración favorables o la búsqueda de recursos legales para maximizar el valor de recuperación. La inversión en deuda en dificultades abarca varias estrategias, como la negociación de deuda en dificultades, la inversión en deuda por control y el arbitraje de deuda en dificultades, cada una con su perfil de riesgo-rentabilidad y su horizonte de inversión únicos.

La inversión en renta variable en situaciones de crisis o de reestructuración implica la adquisición de participaciones en el capital de empresas en dificultades con la expectativa de participar en la recuperación de la empresa y en su potencial crecimiento. Los inversores en renta variable en dificultades suelen centrarse en empresas con activos subyacentes vitales, modelos de negocio viables y potencial de reestructuración, al tiempo que cotizan con importantes descuentos sobre su valor intrínseco. Los inversores en renta variable en dificultades desempeñan un papel fundamental a la hora de respaldar los esfuerzos de reestructuración y desbloquear el valor para las partes interesadas al proporcionar una inyección de capital, experiencia operativa y orientación estratégica. Sin embargo, la inversión en renta variable en dificultades conlleva riesgos inherentes, como la dilución, las restricciones de liquidez y la incertidumbre sobre el momento y la magnitud de la realización del valor.

La inversión en situaciones especiales abarca diversas oportunidades de inversión derivadas de eventos corporativos, cambios regulatorios o dislocaciones del mercado, incluidos valores en dificultades, arbitraje de fusiones, escisiones y reestructuraciones. En situaciones especiales, los inversores buscan capitalizar activos con precios erróneos, catalizadores impulsados por eventos y perfiles asimétricos de riesgo-rendimiento inherentes a estas oportunidades. En situaciones especiales, mediante el despliegue de conocimientos especializados, una diligencia debida exhaustiva y una gestión activa del riesgo, los inversores pueden explotar las ineficiencias del mercado y generar alfa en diversas condiciones del mercado. Además, la inversión en situaciones especiales ofrece beneficios de diversificación y protección a la baja, complementando las clases de activos tradicionales y mejorando la resiliencia de la cartera.

En conclusión, los valores en dificultades y las oportunidades de reestructuración ofrecen a los inversores vías atractivas para capitalizar activos con precios incorrectos, desbloquear valor en empresas de bajo rendimiento y generar rendimientos descomunales. Las estrategias de inversión en dificultades requieren un análisis fundamental riguroso, conocimientos especializados y una visión estratégica para navegar por procesos de reestructuración complejos y obtener valor en situaciones de dificultades. Además, las oportunidades de cambio exigen un liderazgo sólido, una ejecución disciplinada y la alineación de las partes interesadas para revitalizar las operaciones, mejorar el rendimiento financiero e impulsar la sostenibilidad a largo plazo. Al aceptar los desafíos y las oportunidades inherentes a la inversión en dificultades y en la reestructuración, los inversores pueden mejorar los rendimientos de las carteras, mitigar el riesgo a la baja y alcanzar sus objetivos de inversión.

Capital Privado, Capital de Riesgo e Inversión en Startups

El capital privado, el capital de riesgo y la inversión en startups representan segmentos distintos pero interconectados del panorama de inversión alternativa más amplio, cada uno de los cuales ofrece oportunidades y desafíos únicos para los inversores que buscan desplegar capital en empresas privadas. El capital privado abarca la inversión en empresas privadas para impulsar mejoras operativas, iniciativas estratégicas y creación de valor en un horizonte de inversión definido. Los inversores de capital privado suelen tomar participaciones mayoritarias o minoritarias significativas en las empresas objetivo, aprovechando su experiencia en el sector, sus recursos operativos y su red de contactos para mejorar el rendimiento, acelerar el crecimiento y maximizar los rendimientos. Las estrategias de capital privado abarcan diversos sectores, incluidas las adquisiciones, el capital de crecimiento, la inversión en dificultades y situaciones especiales, cada una con su perfil de riesgo-rendimiento y su tesis de inversión únicos.

El capital de riesgo es fundamental para financiar empresas en fase inicial y de alto crecimiento con modelos de negocio disruptivos, tecnologías innovadoras y oportunidades de mercado escalables. Los inversores de capital de riesgo proporcionan capital, orientación estratégica y conexiones en la industria a las nuevas empresas a cambio de la propiedad de capital para nutrir su crecimiento, escalar sus operaciones y, en última instancia, lograr salidas exitosas a través de ofertas públicas iniciales, adquisiciones o ventas secundarias. Las estrategias de capital de riesgo abarcan la inversión en fase inicial, la inversión en fase inicial y la inversión en crecimiento en fase posterior, con diversos grados de riesgo y potencial de rentabilidad. La inversión exitosa de capital de riesgo requiere conocimiento de la industria, diligencia debida rigurosa y gestión activa de carteras para identificar nuevas empresas prometedoras, mitigar riesgos y capturar oportunidades de creación de valor en mercados dinámicos y competitivos.

La inversión en startups, tanto a particulares como a institucionales, ofrece una oportunidad excepcional de participar en el desarrollo y la creación de empresas en fase inicial con el potencial de ser disruptivas y tener un efecto transformador. Las inversiones ángel y de capital de riesgo de fondos institucionales, brazos de riesgo corporativo e inversores estratégicos son diferentes inversiones en startups. Aunque invertir en startups conlleva riesgos significativos, como una alta tasa de fracaso, falta de liquidez e incertidumbre sobre las perspectivas de salida, también presenta una oportunidad para la diversidad de carteras y ganancias desproporcionadas. Al crear carteras variadas, hacer una diligencia debida exhaustiva y mantener un ojo a largo plazo, los inversores pueden navegar de manera efectiva los desafíos de la inversión en startups y obtener valor en industrias dinámicas y cambiantes.

La inversión de capital privado implica la adquisición de participaciones en la propiedad de empresas privadas para impulsar mejoras operativas, iniciativas estratégicas y creación de valor en un horizonte de inversión definido. Los inversores de capital privado despliegan capital en varios tipos de transacciones, incluidas las compras apalancadas, las inversiones de capital de crecimiento, las adquisiciones de deuda en dificultades y situaciones especiales, cada una adaptada a criterios y objetivos de inversión específicos. La compra de la mayoría de las empresas establecidas con flujos de caja constantes, posiciones dominantes en el mercado y espacio para crecer y mejorar las operaciones es una compra apalancada. Las inversiones de capital de crecimiento se dirigen a empresas de alto crecimiento con modelos de negocio probados, operaciones escalables y oportunidades de expansión en mercados o industrias desatendidas. La inversión en dificultades se centra en empresas en dificultades o de bajo rendimiento que se enfrentan a desafíos financieros o ineficiencias operativas, ofreciendo oportunidades para adquirir activos a precios reducidos e impulsar iniciativas de reestructuración. La inversión en situaciones especiales abarca diversas inversiones oportunistas derivadas de eventos corporativos, cambios regulatorios o dislocaciones del mercado, incluidas escisiones, reestructuraciones y desinversiones, cada una de las cuales ofrece un potencial único de creación de valor y una dinámica de riesgo-rendimiento.

La inversión de capital de riesgo implica financiar empresas en etapa inicial y de alto crecimiento con modelos de negocio disruptivos, tecnologías innovadoras y oportunidades de mercado escalables. Los inversores de capital de riesgo proporcionan capital, orientación estratégica y conexiones en la industria a las nuevas empresas a cambio de la propiedad de capital para nutrir su crecimiento, escalar sus operaciones y, en última instancia, lograr salidas exitosas a través de ofertas públicas iniciales, adquisiciones o ventas secundarias. Las estrategias de capital de riesgo abarcan la inversión en fase inicial, la inversión en fase inicial y la inversión en crecimiento en fase posterior, con diversos grados de riesgo y potencial de rentabilidad. La inversión en fase inicial implica respaldar a startups nacientes con ideas prometedoras, fundadores visionarios y potencial de disrupción en el mercado, a menudo en la etapa de concepto o prototipo de desarrollo. La inversión en fase inicial se centra en startups con modelos de negocio validados, tracción temprana de clientes y perspectivas de crecimiento escalables, normalmente en la fase de ajuste producto-mercado o en la fase inicial de ingresos. La inversión en crecimiento en etapas posteriores se dirige a empresas de alto crecimiento con modelos de negocio probados, posiciones de mercado establecidas y oportunidades de expansión, a menudo en la etapa de expansión internacional o de escalamiento o expansión internacional. La inversión exitosa de capital de riesgo requiere conocimiento de la industria, diligencia debida rigurosa y gestión activa de carteras para identificar nuevas empresas prometedoras, mitigar riesgos y capturar oportunidades de creación de valor en mercados dinámicos y competitivos.

La inversión en startups, tanto a particulares como a institucionales, ofrece una oportunidad excepcional de participar en el desarrollo y la creación de empresas en fase inicial con el potencial de ser disruptivas y tener un efecto transformador. Las inversiones en startups van desde inversiones ángel realizadas por inversores individuales hasta inversiones de capital de riesgo realizadas por fondos institucionales, brazos de riesgo corporativo e inversores estratégicos. Aunque invertir en startups conlleva riesgos significativos, como una alta tasa de fracaso, falta de liquidez e incertidumbre sobre las perspectivas de salida, también presenta una oportunidad para la diversidad de carteras y ganancias desproporcionadas. Al crear carteras variadas, hacer una diligencia debida exhaustiva y mantener un ojo a largo plazo, los inversores pueden navegar de manera efectiva los desafíos de la inversión en startups y obtener valor en industrias dinámicas y cambiantes.

En conclusión, el capital privado, el capital de riesgo y la inversión en startups representan segmentos distintos pero complementarios del panorama de la inversión alternativa, cada uno de los cuales ofrece oportunidades y desafíos únicos para los inversores que buscan desplegar capital en empresas privadas. Las estrategias de capital privado impulsan mejoras operativas, iniciativas estratégicas y creación de valor en empresas maduras o en dificultades. Por el contrario, las estrategias de capital de riesgo se dirigen a empresas en fase inicial y de alto crecimiento con potencial disruptivo y oportunidades de mercado escalables. La inversión en startups ofrece a los inversores individuales e institucionales una oportunidad única de participar en el crecimiento y la innovación de empresas en fase inicial con un impacto transformador, aunque con riesgos e incertidumbres inherentes. Al comprender las características distintivas, los enfoques de inversión y la dinámica de riesgo-rendimiento de la inversión en capital privado, capital de riesgo y startups, los inversores pueden construir carteras diversificadas, capturar oportunidades de creación de valor y lograr sus objetivos de inversión en mercados dinámicos y competitivos.

Estrategias de Inversión Inmobiliaria

Los diversos métodos y técnicas que utilizan los inversores para producir beneficios, reducir los riesgos y aprovechar las oportunidades en el mercado inmobiliario se denominan colectivamente estrategias de inversión inmobiliaria. Desde las estrategias tradicionales de compra y retención hasta métodos innovadores como el crowdfunding inmobiliario y las inversiones en REIT, el sector inmobiliario ofrece un amplio espectro de vehículos de inversión y clases de activos que se adaptan a diversos apetitos de riesgo, horizontes de inversión y objetivos financieros.

Una de las estrategias de inversión inmobiliaria más comunes es el enfoque de compra y retención, en el que los inversores adquieren propiedades para mantenerlas a largo plazo y generar ingresos por alquiler y revalorización del capital. Esta estrategia a menudo implica la compra de propiedades residenciales, comerciales o de uso mixto en ubicaciones deseables con fundamentos sólidos, como un sólido crecimiento del empleo, el crecimiento de la población y el desarrollo de infraestructura. Dependiendo de sus objetivos de inversión y tolerancia al riesgo, los inversores que compran y mantienen pueden centrarse en propiedades con perspectivas de flujo de caja fiables, oportunidades de valor añadido o potencial de reurbanización. Los inversores que compran y mantienen pueden aumentar los rendimientos y acumular riqueza a lo largo del tiempo a través de la apreciación de la propiedad y los ingresos pasivos mediante la utilización de financiación, beneficios fiscales y prácticas eficientes de gestión de la propiedad.

La inversión inmobiliaria es otro enfoque muy popular en el que los inversores compran casas baratas o en dificultades, realizan las renovaciones o mejoras necesarias y luego revenden rápidamente los edificios para obtener una ganancia. Los inversores de reparación y cambio suelen apuntar a propiedades con deficiencias cosméticas o estructurales, servicios obsoletos o problemas de mantenimiento diferido. Aprovechan su experiencia en renovación, su red de construcción y su conocimiento del mercado para agregar valor y mejorar la comerciabilidad. Los proyectos exitosos de reparación y volteo requieren una cuidadosa selección de propiedades, una estimación precisa de los costos, una gestión eficiente de los proyectos y un marketing estratégico para optimizar los rendimientos y mitigar los riesgos. Si bien la inversión de reparación y cambio ofrece el potencial de obtener altos rendimientos en un período corto, también conlleva riesgos inherentes, incluidos retrasos en la construcción, sobrecostos, volatilidad del mercado y restricciones de liquidez.

El desarrollo inmobiliario representa otro enfoque estratégico para invertir en bienes raíces, que implica la adquisición de terrenos o propiedades subutilizadas para construir nuevos desarrollos residenciales, comerciales o de uso mixto. Los desarrolladores inmobiliarios navegan por un proceso complejo y multifacético, que incluye la selección del sitio, las aprobaciones de zonificación, el diseño y la construcción, los acuerdos de financiamiento, el marketing y las actividades de venta o arrendamiento. Los complejos de uso mixto a gran escala y las subdivisiones residenciales unifamiliares son ejemplos de los muchos tamaños y niveles de complejidad que pueden tener los proyectos de desarrollo. Cada uno presenta su propio conjunto de oportunidades y dificultades. El desarrollo inmobiliario exitoso requiere comprender la demanda del mercado, los requisitos regulatorios, los costos de construcción, las opciones de financiamiento, los plazos del proyecto y la gestión efectiva de riesgos y la planificación de contingencias para navegar por los ciclos del mercado y las recesiones económicas.

Los inversores pueden tener exposición a carteras diversificadas de activos inmobiliarios generadores de ingresos, como instalaciones residenciales, comerciales, industriales y sanitarias, a través de fideicomisos de inversión inmobiliaria (REIT), que proporcionan un vehículo de inversión pasivo y líquido. Los REIT son empresas que cotizan abiertamente y que poseen, gestionan o financian activos que generan ingresos. Pagan dividendos a sus accionistas, que constituyen una cantidad considerable de sus ingresos imponibles. Los REIT brindan a los inversores acceso a los mercados inmobiliarios sin necesidad de propiedad directa, lo que ofrece beneficios de diversificación, estabilidad de ingresos y potencial de revalorización del capital. Además, los REIT ofrecen liquidez, transparencia y gestión profesional, lo que los convierte en opciones de inversión atractivas para inversores individuales e institucionales que buscan exposición a bienes raíces como clase de activo.

A través de plataformas de Internet y portales de inversión, el crowdfunding inmobiliario se ha convertido en un medio novedoso y de fácil acceso para que los inversores privados participen en inversiones inmobiliarias. Las plataformas de crowdfunding inmobiliario conectan a los inversores con patrocinadores inmobiliarios o promotores que buscan capital para diversos proyectos inmobiliarios, incluidos desarrollos residenciales, comerciales y de uso mixto. Los inversores pueden navegar a través de oportunidades de inversión, revisar los detalles del proyecto e invertir capital a cambio de la propiedad de acciones, instrumentos de deuda o rendimientos preferentes. El crowdfunding inmobiliario ofrece a los inversores flexibilidad, transparencia y diversificación, lo que les permite crear carteras de activos inmobiliarios en diferentes geografías, clases de activos y perfiles de riesgo. Además, las plataformas de crowdfunding inmobiliario suelen ofrecer servicios de diligencia debida, suscripción y gestión de activos, lo que agiliza el proceso de inversión y mitiga los riesgos de los inversores.

La inversión inmobiliaria institucional abarca un amplio espectro de actividades de inversión que realizan los inversores institucionales, incluidos los fondos de pensiones, las compañías de seguros, las dotaciones, los fondos soberanos y las empresas de capital privado. Los inversores institucionales asignan capital a activos inmobiliarios como parte de carteras de inversión diversificadas, buscando generar ingresos estables, preservar el capital y alcanzar objetivos de crecimiento a largo plazo. La inversión inmobiliaria institucional abarca varias estrategias y clases de activos, incluida la propiedad directa de propiedades, empresas conjuntas, fondos inmobiliarios y cuentas separadas adaptadas a mandatos de inversión específicos y preferencias de riesgo-rendimiento. Los inversores inmobiliarios institucionales aprovechan su escala, experiencia y acceso al capital para buscar oportunidades en los mercados inmobiliarios primarios y secundarios en diferentes tipos de propiedades y geografías. Además, la inversión inmobiliaria institucional suele implicar asociaciones estratégicas, acuerdos de coinversión e iniciativas de valor añadido para optimizar el rendimiento de la cartera y maximizar los rendimientos a lo largo del tiempo.

En conclusión, las estrategias de inversión inmobiliaria abarcan una amplia gama de enfoques y tácticas diseñadas para generar rendimientos, mitigar riesgos y capitalizar oportunidades en el mercado inmobiliario. Desde las estrategias tradicionales de compra y retención hasta métodos innovadores como el crowdfunding inmobiliario y las inversiones en REIT, el sector inmobiliario ofrece a los inversores diversos vehículos de inversión y clases de activos que se adaptan a diversos apetitos de riesgo, horizontes de inversión y objetivos financieros. Al comprender las distintas características, las consideraciones de inversión y los perfiles de riesgo-rendimiento asociados con las diferentes estrategias de inversión inmobiliaria, los inversores pueden crear carteras diversificadas, optimizar los rendimientos y alcanzar sus objetivos de inversión en mercados inmobiliarios dinámicos y en evolución.

CAPÍTULO IX

El papel de la tecnología en la inversion

Trading algorítmico y estrategias cuantitativas

El trading algorítmico y las estrategias cuantitativas representan enfoques sofisticados de los mercados financieros que se basan en modelos matemáticos, análisis estadísticos y algoritmos computacionales para tomar decisiones de trading y ejecutar órdenes. Estas estrategias aprovechan la tecnología, los datos y la automatización para identificar oportunidades de trading, gestionar el riesgo y optimizar el rendimiento de trading en diversas clases de activos y condiciones de mercado. El trading algorítmico abarca múltiples técnicas, como el arbitraje estadístico, el seguimiento de tendencias, la creación de mercado y el trading de alta frecuencia, cada una de ellas diseñada para explotar ineficiencias específicas del mercado o generar alfa en mercados dinámicos y competitivos.

El arbitraje estadístico implica la explotación de discrepancias de precios o precios erróneos entre valores o activos relacionados basados en modelos estadísticos y relaciones históricas. Las estrategias de arbitraje estadístico identifican pares o grupos de valores que exhiben cointegración o correlación a lo largo del tiempo, lo que permite a los operadores beneficiarse de las desviaciones de sus relaciones históricas. Las estrategias de arbitraje estadístico buscan capturar oportunidades de reversión a la media y generar ganancias a partir de los movimientos de precios a corto plazo mediante la compra simultánea de valores infravalorados y la venta de valores sobrevalorados dentro de un par o grupo. Estas estrategias requieren modelos sofisticados, una sólida gestión de riesgos y capacidades de ejecución de alta velocidad para capitalizar las ineficiencias fugaces del mercado y gestionar los riesgos de posición de manera efectiva.

Las estrategias de seguimiento de tendencias tienen como objetivo capitalizar las tendencias persistentes de los precios y el impulso en los mercados financieros mediante la compra o venta sistemática de activos en función de señales direccionales derivadas de datos históricos de precios. Los modelos de seguimiento de tendencias identifican tendencias utilizando indicadores técnicos, medias móviles o filtros estadísticos, generando señales de compra o venta cuando los precios muestran movimientos sostenidos al alza o a la baja. Las estrategias de seguimiento de tendencias buscan capturar ganancias de las tendencias de precios mientras gestionan los riesgos a la baja a través del dimensionamiento dinámico de la posición, las órdenes de stop-loss y las reglas de gestión de riesgos. Estas estrategias son populares entre los asesores de comercio de materias primas (CTA), los fondos de cobertura y las empresas de comercio sistemático que buscan generar alfa y diversificar los rendimientos de la cartera en diferentes regímenes de mercado.

Las estrategias de creación de mercado implican liquidez en los mercados financieros mediante la cotización continua de precios de compra y venta de valores o instrumentos específicos, obteniendo beneficios del diferencial entre la oferta y la demanda y las comisiones de transacción. Los creadores de mercado utilizan algoritmos de negociación algorítmica para ajustar dinámicamente sus cotizaciones en función de las condiciones del mercado, la dinámica del flujo de órdenes y los niveles de inventario, optimizando la calidad de la ejecución y minimizando los riesgos de selección adversa. Las estrategias de creación de mercado requieren una sólida gestión de riesgos, modelos de precios sofisticados e infraestructura tecnológica de baja latencia para operar de manera efectiva en entornos comerciales competitivos y de ritmo rápido. Los creadores de mercado son fundamentales para mantener la liquidez del mercado, el descubrimiento de precios y la ejecución eficiente de órdenes, lo que facilita una negociación más fluida y ordenada para los inversores y los participantes del mercado.

El trading de alta frecuencia (HFT) representa un subconjunto del trading algorítmico caracterizado por velocidades de ejecución ultrarrápidas, altas relaciones orden-trading e infraestructura tecnológica de baja latencia. Las empresas de HFT utilizan tecnología de vanguardia y algoritmos patentados para ejecutar transacciones masivas rápidamente, beneficiándose de los desequilibrios de la cartera de órdenes, las diferencias de precios entre los diferentes centros de negociación y las ineficiencias transitorias del mercado. Las estrategias HFT cubren una gama de técnicas orientadas a la eficiencia, la velocidad y la escalabilidad: arbitraje, creación de mercado, provisión de liquidez y trading de impulso. Las empresas de HFT invierten significativamente en servicios de coubicación, hardware y software para reducir la latencia y aumentar el rendimiento comercial. Compiten ferozmente por las ventajas comerciales en el entorno comercial ultracompetitivo de hoy en día compitiendo por microsegundos y nanosegundos.

Las estrategias cuantitativas combinan la investigación cuantitativa, el modelado matemático y el análisis estadístico para generar señales de trading y gestionar el riesgo de la cartera de forma sistemática. Los analistas cuantitativos (quants) desarrollan y prueban modelos de trading utilizando datos históricos, técnicas de backtesting e investigación empírica, buscando identificar patrones, relaciones y anomalías sólidas en los mercados financieros. La inversión basada en factores, la reversión a la media, el aprendizaje automático y la optimización algorítmica de carteras son solo algunas de las técnicas que se engloban bajo el paraguas de las estrategias cuantitativas. Cada uno presenta diferentes oportunidades y dificultades para los inversores. Los métodos cuantitativos deben implementarse con éxito y ampliarse a través de las clases de activos y los horizontes de inversión. Requieren una programación sofisticada, habilidades matemáticas y acceso a datos de alta calidad, recursos informáticos y conectividad de mercado.

El trading algorítmico y las técnicas cuantitativas están experimentando una creciente aplicación del aprendizaje automático y la inteligencia artificial (IA), que permite a los traders e inversores extraer información de cantidades masivas de datos, reconocer patrones intrincados y reaccionar instantáneamente a las condiciones cambiantes del mercado. En comparación con las técnicas estadísticas convencionales, los algoritmos de aprendizaje automático, como las redes neuronales, las máquinas de vectores de soporte y los bosques aleatorios, ofrecen más poder predictivo y flexibilidad a la hora de analizar los datos de mercado, crear modelos predictivos y optimizar las estrategias de trading. Los sistemas de trading impulsados por IA pueden utilizar mejoras en la potencia informática, la disponibilidad de datos y la sofisticación algorítmica para obtener una ventaja competitiva en los mercados financieros. Estos sistemas pueden aprender de los datos pasados, adaptarse a la dinámica cambiante del mercado y mejorar el rendimiento a lo largo del tiempo.

La gestión de riesgos, que incluye una variedad de enfoques y procedimientos para reconocer, evaluar y reducir los riesgos relacionados con las operaciones comerciales, es una parte esencial de los métodos cuantitativos y de negociación algorítmica. Los marcos de gestión de riesgos para el trading algorítmico y las estrategias cuantitativas incluyen controles de riesgo previos a la negociación, límites de posición, órdenes de stop-loss, diversificación de carteras y pruebas de estrés para proteger el capital, preservar la liquidez y gestionar las reducciones durante las condiciones adversas del mercado. Las prácticas sólidas de gestión de riesgos son esenciales para mantener la disciplina comercial, controlar los riesgos a la baja y protegerse contra pérdidas catastróficas, particularmente en entornos comerciales altamente automatizados y complejos.

En conclusión, el trading algorítmico y las estrategias cuantitativas representan enfoques avanzados de los mercados financieros que aprovechan la tecnología, los datos y los modelos matemáticos para identificar oportunidades de trading, gestionar el riesgo y optimizar el rendimiento del trading. Desde el arbitraje estadístico y el seguimiento de tendencias hasta la creación de mercado y el trading de alta frecuencia, el trading algorítmico abarca estrategias diseñadas para explotar ineficiencias específicas del mercado o generar alfa en mercados dinámicos y competitivos. Las estrategias cuantitativas utilizan métodos sofisticados para extraer conclusiones a partir de enormes cantidades de datos y adaptarse a las situaciones cambiantes del mercado, como el aprendizaje automático y la inteligencia artificial. Combinan la investigación cuantitativa, la modelización matemática y el análisis estadístico para crear señales de trading y gestionar el riesgo de la cartera de forma sistemática. La gestión de riesgos, que incluye una variedad de enfoques y procedimientos para salvaguardar el capital, mantener la liquidez y controlar los riesgos a la baja en los agitados y complicados entornos comerciales actuales, es una parte esencial del comercio algorítmico y las estrategias cuantitativas.

Trading de alta frecuencia: oportunidades y riesgos

El surgimiento del trading de alta frecuencia (HFT) como una fuerza prominente en los mercados financieros modernos, aprovechando la tecnología avanzada, los algoritmos sofisticados y las velocidades de ejecución ultrarrápidas para capitalizar las ineficiencias fugaces del mercado, explotar las discrepancias de precios y capturar alfa. Las empresas de HFT despliegan estrategias de negociación propias para beneficiarse de los movimientos de precios de microsegundos en varias clases de activos, incluidas acciones, futuros, opciones, divisas y criptomonedas. Al aprovechar los servicios de coubicación, la conectividad de baja latencia y la infraestructura informática de alto rendimiento, las empresas de HFT pueden ejecutar miles de operaciones por segundo con precisión y eficiencia, compitiendo por milisegundos y microsegundos para obtener una ventaja competitiva en el panorama comercial hipercompetitivo actual.

Una de las oportunidades críticas del trading de alta frecuencia radica en su capacidad para proporcionar liquidez a los mercados financieros, facilitando un descubrimiento de precios, la ejecución de órdenes y una transferencia de riesgos más fluidos y eficientes para los inversores y los participantes del mercado. Las empresas de HFT actúan como creadores de mercado, cotizando continuamente precios de compra y venta para valores o instrumentos específicos, reduciendo los diferenciales de oferta y demanda y absorbiendo la demanda de liquidez entrante, reduciendo así los costos de transacción y mejorando la liquidez del mercado. Al proporcionar liquidez, las empresas de HFT desempeñan un papel fundamental en el mantenimiento de la estabilidad del mercado, la mejora de la eficiencia del mercado y la promoción de un comercio justo y ordenado para todos los participantes del mercado.

Otra oportunidad del trading de alta frecuencia es su potencial para explotar las ineficiencias del mercado y generar alfa a través de estrategias de trading algorítmico optimizadas para la velocidad, la escalabilidad y la eficiencia. Las estrategias HFT abarcan tácticas, como la creación de mercado, la provisión de liquidez, el arbitraje estadístico, el seguimiento de tendencias y el trading de impulso, cada una de ellas diseñada para capitalizar la dinámica específica del mercado o las oportunidades de negociación. Las estrategias de creación de mercado implican cotizar continuamente precios de compra y venta para valores o instrumentos particulares, obteniendo ganancias del diferencial de oferta y demanda y las tarifas de transacción. Por el contrario, las estrategias de provisión de liquidez implican proporcionar liquidez a los mercados financieros durante una mayor volatilidad o desequilibrios de liquidez. Las estrategias de arbitraje estadístico explotan las discrepancias de precios o los precios erróneos entre valores o activos relacionados basados en modelos estadísticos y relaciones históricas. Por el contrario, una estrategia de seguimiento de tendencias tiene como objetivo capitalizar las tendencias persistentes de los precios y el impulso en los mercados financieros. Al combinar estas estrategias, las empresas de HFT buscan generar alfa y superar a los índices de referencia, al tiempo que gestionan el riesgo y minimizan los costos de transacción para sus clientes e inversores.

Sin embargo, el trading de alta frecuencia también plantea riesgos y desafíos significativos para la estabilidad e integridad del mercado y para los inversores y traders individuales. Uno de los principales riesgos asociados con HFT es el potencial de manipulación del mercado, donde las empresas de HFT utilizan su velocidad y ventajas tecnológicas para manipular precios, crear liquidez artificial o inducir a los participantes del mercado a negociar a precios desfavorables. Las prácticas manipuladoras como la suplantación de identidad, la estratificación, el relleno de cotizaciones y la ignición del impulso pueden distorsionar los precios del mercado, interrumpir el flujo de órdenes y erosionar la confianza de los inversores en la equidad y la transparencia de los mercados financieros. Las bolsas y los reguladores han implementado varias medidas, como pautas de cumplimiento más estrictas, más vigilancia y sanciones para los infractores, para identificar y desalentar la manipulación del mercado. Sin embargo, a medida que se desarrolla la tecnología comercial y cambia la dinámica del mercado, el juego del gato y el ratón entre los reguladores y las empresas de HFT sigue cambiando.

Otro riesgo de la negociación de alta frecuencia es la posibilidad de riesgo sistémico, en el que las acciones de las empresas de HFT amplifican la volatilidad del mercado, exacerban las oscilaciones de precios y contribuyen a las perturbaciones de todo el mercado o a las caídas repentinas. Los algoritmos HFT operan en un ecosistema de mercado altamente interconectado e interdependiente, donde las decisiones de negociación rápidas y la dinámica del flujo de órdenes pueden desencadenar efectos en cascada en diferentes clases de activos y centros de negociación. Las caídas repentinas, como la de 2010 en los mercados de renta variable de EE. UU., ponen de manifiesto la vulnerabilidad de los mercados financieros a las perturbaciones repentinas y graves causadas por los algoritmos de negociación automatizados, la fragmentación del mercado y la fragmentación de la liquidez. Los reguladores y las bolsas han implementado disyuntores, interrupciones de las operaciones en todo el mercado y otras medidas de mitigación de riesgos para prevenir y contener el riesgo sistémico. Sin embargo, la complejidad y la interconexión de los mercados financieros modernos plantean desafíos continuos para la gestión y supervisión de riesgos.

Los inversores individuales y los traders se enfrentan a riesgos cuando participan en actividades de trading de alta frecuencia, como la selección adversa, el deslizamiento y la asimetría de la información. La selección adversa se produce cuando las empresas de HFT explotan su ventaja de velocidad para adelantarse o anticiparse a las intenciones comerciales de los participantes más lentos del mercado, ejecutando operaciones a precios más favorables antes de que el mercado reaccione a la nueva información o al flujo de órdenes. La discrepancia entre el precio proyectado de una operación y su precio real ejecutado se conoce como "deslizamiento", puede reducir las ganancias y aumentar los costos de transacción para los operadores e inversores, especialmente en mercados ilíquidos y de rápido movimiento. La asimetría de la información surge cuando las empresas de HFT tienen acceso a datos patentados, análisis avanzados o conocimientos de mercado que no están disponibles para otros participantes del mercado, lo que les da una ventaja competitiva en la identificación de oportunidades comerciales o la gestión del riesgo. Los reguladores han implementado medidas como reglas de acceso justo, requisitos de transparencia de datos de mercado y estándares de mejor ejecución para nivelar el campo de juego y proteger los intereses de los inversores y comerciantes individuales en entornos de negociación de alta frecuencia.

En conclusión, el trading de alta frecuencia presenta oportunidades y riesgos para los inversores, los participantes en el mercado y los reguladores en los mercados financieros modernos. Por un lado, las empresas de HFT proporcionan liquidez, mejoran la eficiencia del mercado y generan alfa a través de estrategias de negociación algorítmicas optimizadas para la velocidad, la escalabilidad y la eficiencia. Por otro lado, el HFT también plantea riesgos para la estabilidad y la integridad del mercado, incluido el potencial de manipulación del mercado, el riesgo sistémico y los efectos adversos para los inversores y comerciantes individuales. Los reguladores y las bolsas continúan lidiando con los desafíos de supervisar y regular las actividades comerciales de alta frecuencia, equilibrando la necesidad de innovación, provisión de liquidez y eficiencia del mercado con el imperativo de mantener mercados financieros justos, ordenados y transparentes para todos los participantes. El papel de la negociación de alta frecuencia en la influencia de la dinámica del mercado y la determinación de los resultados de las inversiones seguirá siendo un tema de debate y examen para los responsables de la formulación de políticas, los profesionales y los académicos a medida que los avances tecnológicos y los mercados financieros se vuelvan más intrincados y vinculados.

Robo-Advisors y Gestión Automatizada de Carteras

Los robo-advisors y las plataformas automatizadas de gestión de carteras han revolucionado el panorama de la gestión de inversiones al aprovechar la tecnología, el análisis de datos y los algoritmos para proporcionar soluciones de inversión eficientes, rentables y personalizadas a inversores de todos los orígenes y niveles de experiencia. Sin necesidad de asesores financieros tradicionales ni de una gestión activa de carteras, estas plataformas ofrecen a los inversores un enfoque sencillo para acceder a carteras de inversión diversificadas, estrategias de asignación de activos y servicios de reequilibrio de carteras. Los robo-advisors buscan maximizar los resultados de la inversión, democratizar el acceso al asesoramiento de expertos y proporcionar a los inversores la confianza y la tranquilidad para alcanzar sus objetivos financieros mediante la automatización de partes cruciales del proceso de inversión.

La capacidad de los robo-advisors para ofrecer recomendaciones de cartera individualizadas y consejos de inversión basados en los objetivos de cada inversor, el horizonte temporal de cada persona y la tolerancia al riesgo es una de sus características esenciales. Los robo-advisors utilizan algoritmos sofisticados y herramientas de evaluación de riesgos para evaluar los perfiles de los inversores, analizar los objetivos financieros y construir carteras de inversión personalizadas adaptadas a las necesidades y preferencias únicas de cada inversor. Al tener en cuenta la edad, los ingresos, los objetivos de inversión, la tolerancia al riesgo y el horizonte temporal de inversión, los robo-advisors pueden generar estrategias de asignación de activos que optimicen los rendimientos ajustados al riesgo y se alineen con los objetivos financieros a largo plazo de los inversores. Este enfoque personalizado para la construcción de carteras ayuda a los inversores a crear carteras diversificadas que reflejan sus preferencias de riesgo individuales y sus objetivos de inversión, al tiempo que proporciona la flexibilidad de ajustar las asignaciones a lo largo del tiempo a medida que evolucionan sus circunstancias financieras.

Otra característica fundamental de los robo-advisors es su capacidad para automatizar las tareas de gestión de carteras, como la asignación de activos, el reequilibrio y la optimización fiscal, reduciendo así la carga de la gestión manual de carteras y minimizando el potencial de errores humanos. Los robo-advisors utilizan algoritmos avanzados de gestión de carteras para supervisar el rendimiento de la cartera, evaluar las condiciones del mercado y reequilibrar las asignaciones de activos en tiempo real para mantener los niveles de riesgo objetivo y los objetivos de inversión. Al reequilibrar sistemáticamente las carteras en respuesta a las condiciones cambiantes del mercado, los robo-advisors ayudan a los inversores a mantenerse al día con sus objetivos de inversión a largo plazo y evitar los escollos de la toma de decisiones emocionales o el momento del mercado. Además, los robo-advisors emplean estrategias de recolección de pérdidas fiscales para minimizar las obligaciones fiscales de los inversores mediante la venta de activos de bajo rendimiento y la realización de pérdidas de capital para compensar las ganancias, mejorando los rendimientos después de impuestos y maximizando la eficiencia general de la cartera.

La rentabilidad es otra ventaja significativa de los robo-advisors en comparación con los asesores financieros tradicionales o los fondos de inversión de gestión activa. Los asesores robóticos son una opción atractiva para los inversores frugales que buscan maximizar los rendimientos netos y minimizar los gastos de inversión. Por lo general, tienen tarifas más baratas que los fondos mutuos administrados activamente o los asesores financieros tradicionales. Los robo-advisors pueden proporcionar soluciones de inversión escalables a una fracción del costo de los servicios de asesoramiento convencionales mediante el uso de tecnología y automatización. Esto permite a los inversores de todos los niveles de ingresos y tamaños de activos un acceso más asequible a servicios expertos de asesoramiento en materia de inversión y gestión de patrimonios. Esta estructura de tarifas rentable hace que los robo-advisors sean particularmente atractivos para los inversores más jóvenes, las personas conocedoras de la tecnología y aquellos con experiencia limitada en inversiones que pueden dudar en pagar tarifas altas por servicios de asesoramiento tradicionales o fondos administrados activamente.

Los robo-advisors también ofrecen transparencia, accesibilidad y facilidad de uso, lo que los convierte en una opción atractiva para una experiencia de inversión intuitiva y sin complicaciones. Los robo-advisors proporcionan a los inversores estructuras de comisiones transparentes, informes de rendimiento y análisis de carteras, lo que les permite tomar decisiones de inversión informadas y realizar un seguimiento del progreso hacia sus objetivos financieros. Además, los robo-advisors ofrecen interfaces de usuario intuitivas, aplicaciones compatibles con dispositivos móviles y recursos educativos para ayudar a los inversores a comprender sus opciones de inversión, factores de riesgo y métricas de rendimiento de la cartera. Los robo-advisors son especialmente útiles para los aficionados al bricolaje, los inversores autodirigidos y las personas que, en cambio, manejan sus activos sobre la marcha, gracias a su accesibilidad y simplicidad de uso.

Sin embargo, los robo-advisors también tienen ciertas limitaciones y consideraciones que los inversores deben tener en cuenta a la hora de evaluar su idoneidad para sus necesidades y preferencias de inversión. Una limitación potencial de los robo-advisors es su dependencia de algoritmos y datos históricos para generar recomendaciones de inversión y asignaciones de cartera, que pueden no capturar completamente las complejidades e incertidumbres de los mercados financieros o anticipar eventos imprevistos o eventos de cisne negro. Si bien los robo-advisors emplean sofisticados modelos de riesgo y pruebas de estrés para evaluar el riesgo y el rendimiento de la cartera en diferentes escenarios de mercado, siempre existe un grado de incertidumbre e imprevisibilidad inherente a los mercados financieros que no puede explicarse completamente con algoritmos o datos históricos por sí solos.

Otra consideración con los robo-advisors es la necesidad de una mayor interacción humana y asesoramiento personalizado en comparación con los asesores financieros tradicionales o los gestores de patrimonio. Si bien los robo-advisors ofrecen recomendaciones de inversión personalizadas y asignaciones de carteras basadas en los perfiles y objetivos de los inversores, es posible que necesiten un toque más humano y una atención personalizada que algunos inversores valoran con respecto a la planificación financiera, el establecimiento de objetivos y la toma de decisiones. Algunos inversores pueden preferir la dirección, la comodidad y la seguridad de trabajar con un asesor financiero o gestor de patrimonio dedicado que pueda proporcionar asesoramiento individualizado, planificación financiera integral y apoyo emocional durante la volatilidad o la incertidumbre del mercado. Algunos inversores prefieren los robo-advisors a pesar de que proporcionan acceso a asesoramiento financiero experto y servicios de gestión de carteras por un coste significativamente menor que los servicios de asesoramiento habituales.

La seguridad y la privacidad de los datos también son consideraciones importantes a la hora de utilizar robo-advisors, ya que los inversores confían información financiera confidencial y datos personales a estas plataformas para el análisis de inversiones y la gestión de carteras. Los robo-advisors emplean encriptación avanzada, protocolos de seguridad y medidas de protección de datos para salvaguardar la información de los inversores y evitar el acceso no autorizado o las violaciones de datos. No obstante, para reducir el peligro de posibles fallos de seguridad o violaciones de datos, los inversores deben llevar a cabo la debida diligencia e investigación para garantizar que los robo-advisors sigan las mejores prácticas del sector en materia de ciberseguridad, privacidad de datos y cumplimiento normativo. Los inversores también deben leer detenidamente los términos de servicio, las políticas de privacidad y las declaraciones de divulgación de los robots asesores para ver cómo la plataforma utilizará, distribuirá y protegerá sus datos financieros y personales.

En conclusión, los inversores pueden obtener asesoramiento experto en inversiones, crear carteras diversas y alcanzar sus objetivos financieros con confianza y tranquilidad utilizando robo-advisors y sistemas automatizados de gestión de carteras. Estos servicios son prácticos, asequibles y personalizados. Al aprovechar la tecnología, el análisis de datos y los algoritmos, los robo-advisors brindan a los inversores recomendaciones de inversión personalizadas, servicios automatizados de gestión de carteras y estrategias fiscalmente eficientes para optimizar los resultados de inversión y minimizar los costos. Aunque los robo-advisors ofrecen muchas ventajas, como la rentabilidad, la transparencia, la accesibilidad y la facilidad de uso, los inversores también deben tener en cuenta las posibles limitaciones y consideraciones, como la dependencia de los algoritmos, la falta de interacción humana y las preocupaciones sobre la seguridad y la privacidad de los datos, a la hora de evaluar la idoneidad de los robo-advisors para sus necesidades y preferencias de inversión. Se espera que los robo-advisors sean más decisivos para democratizar el acceso al asesoramiento de inversión de expertos y permitir a los inversores alcanzar sus objetivos financieros en la era digital, siempre y cuando la tecnología siga desarrollándose y los mercados financieros permanezcan vinculados y complejos.

Utilización de Big Data y Machine Learning en el análisis de inversions

La integración del big data y el aprendizaje automático ha revolucionado el análisis de inversiones, cambiando los métodos convencionales y los procedimientos de toma de decisiones. El big data, caracterizado por su gran volumen, velocidad y variedad, abarca varias fuentes de datos estructurados y no estructurados, incluidos datos financieros, tendencias del mercado, sentimiento de las redes sociales, artículos de noticias y más. Los algoritmos de aprendizaje automático, equipados para descifrar patrones, correlaciones e información dentro de esta avalancha de datos, brindan a los inversores herramientas sin precedentes para el análisis y la predicción.

El análisis predictivo es una aplicación importante del big data y el aprendizaje automático en el análisis de inversiones. Al aprovechar los datos históricos y los algoritmos sofisticados, los inversores pueden pronosticar con precisión las tendencias del mercado, los precios de los activos y los indicadores económicos. Los programas informáticos que utilizan técnicas de aprendizaje automático pueden reconocer patrones diminutos y anomalías en los conjuntos de datos, lo que puede ayudar a los inversores a gestionar eficazmente el riesgo e identificar oportunidades de inversión atractivas. Además, estas plataformas de análisis predictivo pueden evolucionar y adaptarse a medida que se dispone de nuevos datos y cambian las condiciones del mercado, mejorando sus proyecciones.

La gestión de riesgos es otro aspecto crítico de la utilización de big data y machine learning en el análisis de inversiones. Los enfoques convencionales de la evaluación del riesgo suelen basarse en datos históricos y modelos estáticos, que pueden ser necesarios revisarse para tener en cuenta la imprevisibilidad de los acontecimientos y la naturaleza dinámica de los mercados financieros. Por otro lado, los algoritmos de aprendizaje automático pueden evaluar conjuntos de datos masivos en tiempo real y detectar riesgos emergentes y fluctuaciones del mercado antes de que se conviertan en problemas importantes. Al incorporar el análisis de big data en las tácticas de gestión de riesgos, los inversores pueden mejorar su capacidad para detectar y reaccionar ante las perturbaciones, protegiendo sus inversiones de las condiciones desfavorables del mercado.

Además, el big data y el aprendizaje automático ofrecen información muy valiosa sobre el sentimiento de los inversores y la dinámica del mercado. Las plataformas de redes sociales, los foros en línea y los medios de comunicación sirven como ricas fuentes de datos en tiempo real, que reflejan la opinión pública, el sentimiento del mercado y las tendencias emergentes. Al analizar los datos de sentimiento utilizando técnicas de procesamiento del lenguaje natural (NLP), los inversores pueden medir el sentimiento del mercado e identificar las actitudes predominantes hacia activos o industrias específicas. Este análisis de sentimiento puede informar las decisiones de inversión, brindando a los inversores una comprensión más profunda de la dinámica del mercado y los posibles catalizadores de los movimientos de precios.

Además, el análisis de big data puede mejorar las estrategias de optimización de carteras, lo que permite a los inversores construir carteras bien diversificadas adaptadas a sus preferencias de riesgo y objetivos de inversión. Los algoritmos de aprendizaje automático pueden examinar las correlaciones, las tendencias del mercado y el rendimiento histórico de los activos para determinar las asignaciones ideales de activos y las ponderaciones de la cartera. Estos algoritmos también pueden tener en cuenta elementos dinámicos, como los cambios en las preferencias de los inversores y las condiciones del mercado, y el perfeccionamiento continuo de las asignaciones de carteras para optimizar los rendimientos y reducir el riesgo.

La incorporación de big data y machine learning en el análisis de inversiones también facilita la identificación de estrategias generadoras de alfa y oportunidades de inversión. Los algoritmos de aprendizaje automático pueden identificar información y anomalías únicas que pueden eludir los métodos de análisis tradicionales mediante el análisis de grandes conjuntos de datos y el descubrimiento de patrones ocultos. Estos conocimientos pueden dar lugar a estrategias de inversión innovadoras que aprovechen las ineficiencias del mercado y generen alfa para los inversores. Ya sea a través de algoritmos de trading cuantitativos, enfoques de inversión basados en factores o análisis de datos alternativos, la integración de big data y machine learning abre nuevas vías para generar rendimientos de inversión superiores.

Sin embargo, a pesar de los innumerables beneficios de utilizar big data y aprendizaje automático en el análisis de inversiones, hay varios desafíos y consideraciones que merecen atención. Las preocupaciones sobre la privacidad y la seguridad de los datos plantean riesgos significativos, especialmente a medida que el volumen y la sensibilidad de los datos utilizados en el análisis de inversiones continúan creciendo. La mitigación de los riesgos y la preservación de la confianza de los inversores requieren la implementación de fuertes medidas de protección de datos y el cumplimiento de las normas reglamentarias. Además, la proliferación de modelos de aprendizaje automático plantea preocupaciones sobre el sesgo algorítmico, la interpretabilidad del modelo y las posibles consecuencias no deseadas. Abordar estos desafíos requiere investigación continua, colaboración y consideraciones éticas para aprovechar de manera responsable todo el potencial de big data y machine learning en el análisis de inversiones.

En conclusión, la integración de big data y machine learning representa un cambio de paradigma en el análisis de inversiones, ya que ofrece oportunidades sin precedentes para el análisis predictivo, la gestión de riesgos, el análisis de sentimientos, la optimización de carteras y la generación de alfa. Al aprovechar el poder del big data y los algoritmos de aprendizaje automático, los inversores pueden obtener información más profunda sobre la dinámica del mercado, mejorar los procesos de toma de decisiones y desbloquear nuevas fuentes de alfa. Sin embargo, para obtener estos beneficios es necesario abordar varios desafíos relacionados con la privacidad de los datos, la seguridad, el sesgo algorítmico y la interpretabilidad del modelo. Sin embargo, el potencial transformador del big data y el aprendizaje automático en el análisis de inversiones es innegable, anunciando una nueva era de innovación y eficiencia en los mercados financieros.

CAPÍTULO X

Mercados Globales e Inversión Internacional

Comprender las tendencias económicas globales y los riesgos geopolíticos

En el mundo interconectado de hoy, una comprensión integral de las tendencias económicas globales y los riesgos geopolíticos es indispensable para las empresas, los responsables políticos y los inversores. Las tendencias económicas dan forma a la trayectoria de las naciones y las industrias, influyendo en el comportamiento de los consumidores, los flujos comerciales, los patrones de inversión y los mercados financieros. Mientras tanto, los riesgos geopolíticos derivados de las tensiones geopolíticas, los conflictos y las decisiones políticas tienen el potencial de perturbar las economías, alterar la dinámica del mercado y convertirse en crisis geopolíticas más amplias. Al analizar e interpretar estas complejas interacciones entre la economía y la geopolítica, las partes interesadas pueden anticipar los desafíos, capitalizar las oportunidades y navegar por el volátil panorama de los asuntos globales.

En el centro de la comprensión de las tendencias económicas mundiales se encuentra el análisis de los principales indicadores e impulsores macroeconómicos. Las tasas de crecimiento del producto interno bruto (PIB), las tasas de inflación, las tasas de desempleo y los déficits fiscales se encuentran entre las principales métricas utilizadas para evaluar la salud y el desempeño de las economías nacionales. Al hacer un seguimiento de estos indicadores en todos los países y regiones, los analistas pueden identificar tendencias emergentes, como expansiones económicas, desaceleraciones o recesiones, y medir el impulso general de la economía mundial. Además, la comprensión de los factores que impulsan estas tendencias financieras, incluidas las políticas monetarias, las políticas fiscales, las reformas estructurales y los shocks externos, permite comprender las fuerzas subyacentes que dan forma a los resultados económicos.

Además de los indicadores macroeconómicos, el análisis de las tendencias demográficas, los avances tecnológicos y los cambios estructurales es esencial para comprender la trayectoria a largo plazo de la economía mundial. La urbanización, el envejecimiento de la población y el aumento de la población son ejemplos de tendencias demográficas que afectan significativamente a los programas de bienestar social, los mercados laborales y los mercados de consumo. Del mismo modo, los desarrollos tecnológicos como la digitalización, la automatización y la inteligencia artificial están cambiando las estructuras de las empresas, las tendencias de empleo y las industrias, al tiempo que aumentan la innovación y la productividad. Al observar estos patrones y cómo afectan a las diferentes economías, las partes interesadas pueden prever posibilidades y problemas futuros. Al hacerlo, pueden ajustar sus estrategias y prosperar en una economía global que cambia rápidamente.

Además, comprender la interconexión de los mercados mundiales y las cadenas de suministro es crucial para evaluar las vulnerabilidades económicas y la resiliencia. En una era de globalización, las economías están cada vez más interconectadas a través del comercio, la inversión y los vínculos financieros, lo que las hace susceptibles a los efectos indirectos y a los riesgos de contagio. Las interrupciones en una parte del mundo, ya sea debido a desastres naturales, tensiones geopolíticas o crisis económicas, pueden repercutir a través de las fronteras, afectando las cadenas de suministro, los precios de las materias primas y el sentimiento de los inversores. Por lo tanto, analizar la resiliencia de las cadenas de suministro mundiales, diversificar las fuentes de insumos y gestionar los riesgos geopolíticos es imperativo para que las empresas y los responsables políticos mitiguen las vulnerabilidades y garanticen la continuidad del negocio en un mundo interconectado.

En cuanto a los riesgos geopolíticos, comprender la compleja dinámica de las relaciones internacionales, los conflictos regionales y las rivalidades geopolíticas es esencial para evaluar su impacto en las economías y los mercados. Los riesgos geopolíticos abarcan diversas amenazas, que van desde los conflictos interestatales y el terrorismo hasta las disputas comerciales y los regímenes de sanciones. Estos riesgos pueden perturbar los flujos comerciales, obstaculizar las actividades de inversión y desestabilizar los mercados financieros, creando incertidumbre y volatilidad para las empresas y los inversores. Además, las tensiones geopolíticas a menudo se cruzan con intereses económicos, como se ve en las disputas sobre reclamos territoriales, recursos naturales y activos estratégicos, lo que complica aún más el panorama geopolítico.

En los últimos años, los riesgos geopolíticos se han visto amplificados por desafíos emergentes como las amenazas cibernéticas, el cambio climático y las pandemias, que trascienden las fronteras nacionales y requieren respuestas globales coordinadas. Los ciberataques dirigidos a infraestructuras críticas, sistemas financieros e instituciones gubernamentales plantean importantes riesgos para la estabilidad económica y la seguridad nacional, lo que requiere medidas de ciberseguridad mejoradas y cooperación internacional. Del mismo modo, los efectos adversos del cambio climático, incluidos los fenómenos meteorológicos extremos, el aumento del nivel del mar y la escasez de recursos, plantean riesgos sistémicos para las economías, las industrias y las comunidades de todo el mundo. Abordar estos desafíos requiere estrategias proactivas de gestión de riesgos, cooperación multilateral e inversiones en resiliencia y sostenibilidad.

Además, los riesgos geopolíticos a menudo están entrelazados con factores económicos, como se ve en las tensiones comerciales, los regímenes de sanciones y los conflictos monetarios entre naciones. Las disputas comerciales, caracterizadas por aranceles, cuotas y medidas de represalia, pueden perturbar los flujos comerciales mundiales, las cadenas de suministro y los patrones de inversión, lo que provoca distorsiones económicas y volatilidad en el mercado. Del mismo modo, los regímenes de sanciones impuestos a países o entidades por razones geopolíticas pueden restringir el acceso a los mercados, la tecnología y los servicios financieros, imponiendo costos económicos a los países afectados y sancionadores. Además, los conflictos monetarios, como las devaluaciones competitivas y la manipulación de divisas, pueden exacerbar los desequilibrios comerciales, la inestabilidad financiera y las tensiones geopolíticas, lo que requiere respuestas políticas coordinadas y un diálogo internacional para mitigar los riesgos y mantener la estabilidad económica.

En conclusión, comprender las tendencias económicas globales y los riesgos geopolíticos es primordial para navegar por las complejidades del mundo interconectado de hoy. Las partes interesadas pueden anticipar la evolución económica, identificar oportunidades de crecimiento y mitigar las vulnerabilidades mediante el análisis de indicadores macroeconómicos vitales, tendencias demográficas, avances tecnológicos y cambios estructurales. Del mismo modo, al evaluar la dinámica geopolítica, los conflictos regionales y las amenazas emergentes, las partes interesadas pueden anticipar los riesgos geopolíticos, mitigar su impacto y protegerse contra posibles perturbaciones en las economías y los mercados. Además, comprender cómo interactúan la economía y la geopolítica y cómo se cruzan los riesgos clásicos y nuevos es crucial para crear planes de gestión de riesgos integrales y desarrollar resiliencia en un mundo impredecible que cambia rápidamente.

Invertir en mercados emergentes: oportunidades y desafíos

Invertir en mercados emergentes ofrece perspectivas atractivas para los inversores que buscan oportunidades de crecimiento y diversificación de carteras. Estas economías dinámicas, caracterizadas por una rápida industrialización, urbanización y avances tecnológicos, albergan una floreciente clase media, mercados de consumo en expansión y abundantes recursos naturales. Además, los mercados emergentes suelen presentar tasas de crecimiento más altas que sus homólogos desarrollados, impulsados por una demografía favorable, el aumento de la productividad y una mayor integración en la economía mundial. Sin embargo, invertir en mercados emergentes junto con estas oportunidades presenta muchos desafíos y riesgos, que van desde la inestabilidad política y las incertidumbres regulatorias hasta las fluctuaciones monetarias y las limitaciones de liquidez. Al ser conscientes de las oportunidades y los desafíos asociados con la inversión en economías en desarrollo, los inversores pueden sortear con éxito estas situaciones complejas y beneficiarse de la posibilidad de obtener recompensas a largo plazo.

La posibilidad de una rápida expansión es uno de los principales atractivos para invertir en mercados emergentes. Estas economías, que suelen caracterizarse por niveles de ingresos más bajos y una infraestructura subdesarrollada, ofrecen mucho espacio para la expansión en varios sectores, incluidos los bienes de consumo, los servicios financieros, la atención médica y la tecnología. Los patrones de gasto de los consumidores cambian a medida que las personas en los mercados emergentes se vuelven más ricas y urbanizadas, lo que aumenta la demanda de bienes y servicios, incluidos la tecnología, los automóviles, el entretenimiento y la atención médica. Además, el rápido progreso de la tecnología y la creciente digitalización de la sociedad proporcionan nuevas vías para la creatividad y el emprendimiento, estimulando la expansión de soluciones financieras, sitios de comercio electrónico y nuevas empresas tecnológicas en las economías en desarrollo.

Además, invertir en mercados emergentes ofrece a los inversores oportunidades de diversificación de carteras y gestión de riesgos. Las correlaciones entre los mercados emergentes y desarrollados suelen ser más bajas que las de los mercados desarrollados, lo que ofrece la posibilidad de obtener beneficios de diversificación y reducción de riesgos. Al asignar una parte de sus carteras a activos de mercados emergentes, los inversores pueden mejorar sus rendimientos ajustados al riesgo y reducir la volatilidad general de la cartera. Además, no existe correlación entre los mercados en desarrollo y las clases de activos convencionales, como los bonos y las acciones, lo que brinda a los inversores internacionales que buscan optimizar las asignaciones de sus carteras aún más beneficios de la diversificación.

Sin embargo, además de las oportunidades, invertir en mercados emergentes conlleva varios desafíos y riesgos que los inversores deben sortear con cuidado. La inestabilidad política y los problemas de gobernanza plantean peligros significativos en muchas economías de mercados emergentes, ya que las transiciones políticas, los disturbios civiles y las incertidumbres políticas pueden perturbar las operaciones comerciales, socavar la confianza de los inversores y provocar volatilidad en los mercados. Además, los entornos regulatorios de los mercados emergentes pueden necesitar más transparencia, coherencia y protección de los inversores, lo que crea riesgos legales y de cumplimiento para los inversores extranjeros. La corrupción, el soborno y los obstáculos regulatorios pueden impedir la entrada y expansión en el mercado de las empresas multinacionales que operan en mercados emergentes, lo que requiere una diligencia debida exhaustiva y una evaluación de riesgos.

Las fluctuaciones monetarias y los riesgos del tipo de cambio son otra consideración crítica para los inversores en los mercados emergentes. Las monedas de los mercados emergentes suelen estar sujetas a volatilidad debido a factores como los desequilibrios macroeconómicos, las tensiones geopolíticas y los shocks externos. Los cambios en los tipos de cambio podrían afectar el valor de la inversión denominada en monedas locales, lo que podría resultar en ganancias o pérdidas para los inversores internacionales. Además, los ataques especulativos, la fuga de capitales y las intervenciones de los bancos centrales podrían exacerbar la volatilidad de las divisas y las restricciones de liquidez en las monedas de los mercados en desarrollo. Como resultado, los inversores deben ser extremadamente cautelosos a la hora de gestionar los riesgos cambiarios. Deben diversificar sus tenencias, utilizar técnicas de cobertura y monitorear los datos macroeconómicos y los eventos geopolíticos.

Además, las limitaciones de liquidez y las ineficiencias del mercado pueden suponer un reto para los inversores que tratan de entrar o salir de los mercados emergentes de forma eficiente. Las bolsas de mercados emergentes pueden tener volúmenes de negociación más bajos, diferenciales de oferta y demanda más estrechos y liquidez limitada en comparación con los mercados desarrollados, lo que dificulta la ejecución de grandes operaciones sin afectar los precios del mercado. La falta de liquidez también puede amplificar la volatilidad del mercado y aumentar el riesgo de manipulación de precios, especialmente en mercados más pequeños y menos regulados. Por lo tanto, los inversores deben tener en cuenta los riesgos de liquidez a la hora de invertir en mercados emergentes e implementar estrategias de negociación adecuadas para mitigar estos riesgos, como el uso de órdenes limitadas, la negociación durante las horas pico de liquidez y la diversificación entre clases de activos y geografías.

Además, los riesgos sociales y ambientales, incluidas las violaciones de los derechos laborales, la degradación ambiental y los impactos del cambio climático, son consideraciones cada vez más importantes para los inversores en los mercados emergentes. Las empresas que operan en mercados emergentes pueden enfrentarse al escrutinio de las prácticas ecológicas, sociales y de gobernanza (ESG), ya que las partes interesadas exigen una mayor transparencia, responsabilidad y sostenibilidad en las operaciones empresariales. Los inversores pueden sufrir pérdidas financieras, repercusiones legales y daños a su reputación si no se abordan estas preocupaciones. Por lo tanto, es esencial incorporar consideraciones ESG en los procedimientos de toma de decisiones de inversión y trabajar con las empresas para mejorar su desempeño ESG, gestionar los riesgos y fomentar la inversión ética en las economías emergentes.

En conclusión, invertir en mercados emergentes presenta oportunidades atractivas para los inversores que buscan crecimiento, diversificación y exposición a economías dinámicas. Sin embargo, estas oportunidades conllevan desafíos y riesgos inherentes, como la inestabilidad política, las incertidumbres regulatorias, las fluctuaciones monetarias, las limitaciones de liquidez y los riesgos sociales y ambientales. Los inversores pueden proteger sus inversiones de las condiciones desfavorables del mercado y, al mismo tiempo, aprovechar el potencial de crecimiento a largo plazo de los mercados emergentes siendo conscientes de estos riesgos y gestionándolos activamente. Además, los inversores pueden crear valor para la sociedad apoyando métodos de inversión sostenibles y éticos que promuevan el avance social y económico y la gestión medioambiental de los países de mercados emergentes.

Mercados de divisas y estrategias de cambio de divisas

Los mercados de divisas proporcionan la base del comercio internacional, la inversión y las transacciones financieras. Están abiertos las veinticuatro horas del día, cinco días a la semana, y están sujetos a diversas influencias, como el sentimiento del mercado, las políticas de los bancos centrales, los datos económicos y los acontecimientos geopolíticos. Las empresas involucradas en el comercio internacional y los inversores que diversifican sus carteras a través de las divisas deben comprender los mercados de divisas.

Los tipos de cambio, que muestran cuánto vale una moneda con respecto a otra, son una de las ideas centrales en los mercados de divisas. Los tipos de cambio pueden ser fijos o fluctuantes dependiendo de las naciones involucradas y de sus sistemas monetarios. Los gobiernos o los bancos centrales intervienen para mantener el valor de su moneda dentro de un rango establecido en relación con una moneda de referencia, generalmente el dólar estadounidense o el euro, en un régimen de tipo de cambio fijo. Por otro lado, en un sistema con tipos de cambio flotantes, la dinámica de la oferta y la demanda dicta los tipos de cambio que fluctúan libremente, y las fuerzas del mercado determinan el valor de las monedas.

El comercio de divisas con el fin de ganar dinero con los cambios en los tipos de cambio se conoce como comercio de divisas o divisas. El comercio de divisas se realiza en el mercado extrabursátil (OTC) a través de una red descentralizada de bancos, instituciones financieras, empresas y operadores individuales. Los bancos comerciales, los bancos centrales, los fondos de cobertura, las empresas multinacionales, los corredores de divisas minoristas y los especuladores se encuentran entre los participantes en el mercado de divisas.

Con sus decisiones e intervenciones en materia de política monetaria, los bancos centrales tienen un impacto significativo en los mercados de divisas. Las medidas de los bancos centrales, como los ajustes de las tasas de interés, los planes de flexibilización cuantitativa y las intervenciones en el mercado de divisas, pueden afectar drásticamente los tipos de cambio y la volatilidad en el mercado de divisas. Por ejemplo, un banco central puede aumentar el valor de la moneda local atrayendo entradas de capital extranjero cuando sube las tasas de interés. Por otro lado, al interferir en el mercado de divisas, un banco central puede intervenir para frenar la volatilidad excesiva o estabilizar el valor de su moneda.

Los inversores y las empresas adoptan estrategias de cambio de divisas para gestionar el riesgo cambiario y optimizar su exposición a los movimientos del tipo de cambio. Una táctica típica para protegerse contra las oscilaciones desfavorables de las divisas es la cobertura, que consiste en participar en contratos financieros como contratos a plazo, futuros, opciones o swaps de divisas. Al cubrirse, las empresas pueden reducir la incertidumbre provocada por los cambios de moneda, lo que les permite fijar los tipos de cambio para las próximas transacciones.

Una estrategia popular para operar con divisas es el carry trading. Aprovechar las discrepancias en las tasas de interés implica obtener un préstamo a bajo interés e invertir el dinero en una moneda que produzca un rendimiento más significativo. El único riesgo asociado con las estrategias de carry trade es que las oscilaciones del tipo de cambio pueden compensar las ganancias potenciales o producir pérdidas, especialmente durante la inestabilidad del mercado o los cambios repentinos en el sentimiento de los inversores.

Los operadores de Forex emplean dos metodologías, a saber, el análisis técnico y el análisis fundamental, para predecir las fluctuaciones en los tipos de cambio y detectar oportunidades para operar. El análisis técnico analiza los datos históricos de precios, los patrones gráficos y los indicadores técnicos para pronosticar los movimientos futuros de los precios. Por otro lado, el análisis fundamental evalúa las variables subyacentes que influyen en las valoraciones de las divisas concentrándose en estadísticas económicas como el PIB, la inflación, los tipos de interés, los datos de empleo y los acontecimientos geopolíticos.

En los últimos años, el trading algorítmico y de alta frecuencia (HFT) se ha vuelto cada vez más frecuente en los mercados de divisas, representando una parte significativa del volumen de trading. La automatización del trading a través de algoritmos informáticos, estrategias basadas en reglas o parámetros predeterminados, se conoce como trading algorítmico. HFT, por otro lado, aprovecha las ligeras diferencias de precios o las ineficiencias del mercado para ejecutar transacciones en milisegundos utilizando computadoras rápidas y conexiones de datos de alta velocidad.

La aparición de monedas digitales, como Bitcoin y Ethereum, ha añadido una nueva dimensión a los mercados de divisas, ofreciendo oportunidades de inversión alternativas y desafiando las nociones tradicionales de dinero y valor. Si bien las monedas digitales operan independientemente de los bancos centrales y los gobiernos, están sujetas al escrutinio regulatorio, la volatilidad del mercado y los riesgos tecnológicos. Sin embargo, los comerciantes, inversores e instituciones financieras de todo el mundo se están interesando en las monedas digitales como una clase de activos especulativos, reserva de valor y medio de intercambio.

En conclusión, varios actores y circunstancias influyen en la naturaleza dinámica y complicada de los mercados de divisas. Para navegar por la economía global, los comerciantes, los inversores y las empresas deben comprender los mercados de divisas y las estrategias de cambio de divisas. Los actores del mercado pueden aprovechar las oportunidades y reducir los peligros involucrados en el comercio de divisas manteniéndose informados, utilizando estrategias de gestión de riesgos y ajustándose a las condiciones del mercado.

Diversificación Internacional y Estrategias de Cobertura

La diversificación internacional es una piedra angular de la gestión moderna de carteras, ya que permite a los inversores distribuir el riesgo entre diferentes países, regiones y clases de activos. Al diversificarse geográficamente, los inversores pueden reducir el impacto de los riesgos específicos de cada país en sus carteras de inversión, como la inestabilidad política, las recesiones económicas y los cambios normativos. Además, la diversificación internacional puede mejorar los rendimientos ajustados al riesgo al aprovechar diversas oportunidades de crecimiento y capitalizar las tendencias económicas mundiales.

Una de las principales motivaciones para la diversificación internacional es reducir la volatilidad de la cartera y mejorar los rendimientos ajustados al riesgo. Al invertir en activos con correlaciones bajas o correlaciones negativas con los mercados nacionales, los inversores pueden lograr beneficios de diversificación más excelentes y mejorar la estabilidad de sus carteras de inversión. Por ejemplo, durante períodos de recesión económica o de recesión del mercado en un país, los activos de otras regiones pueden mostrar resiliencia o incluso rendimientos positivos, lo que ayuda a compensar las pérdidas y preservar el capital.

La globalización ha facilitado la diversificación internacional al ofrecer a los inversores diversas oportunidades de inversión a través de las fronteras. Los avances tecnológicos, la innovación financiera y la liberalización de los mercados de capitales han hecho que la inversión en acciones, bonos, fondos mutuos, fondos cotizados en bolsa (ETF) y otros valores extranjeros sea más fácil y rentable. Además, la proliferación de índices internacionales y herramientas de evaluación comparativa ha permitido a los inversores seguir y evaluar el rendimiento de los mercados mundiales de forma más eficaz.

Los inversores suelen emplear estrategias de cobertura para mitigar el riesgo cambiario y protegerse contra las fluctuaciones adversas del tipo de cambio. El riesgo cambiario surge cuando se invierte en activos extranjeros denominados en monedas distintas a la moneda nacional del inversionista. Los rendimientos de las inversiones en el extranjero, cuando se convierten de nuevo a la moneda local del inversor, pueden verse muy afectados por las fluctuaciones de los tipos de cambio. La práctica de emplear instrumentos financieros, incluidos los contratos a plazo, las opciones, los futuros y los swaps de divisas, para reducir o eliminar la influencia que las fluctuaciones de los tipos de cambio tienen en los rendimientos de las inversiones se conoce como cobertura.

Los contratos a plazo se encuentran entre los instrumentos de cobertura más utilizados por las estrategias de diversificación internacional. Un contrato a plazo es un acuerdo especialmente diseñado entre dos partes para intercambiar una cantidad predeterminada de una divisa por otra a un tipo de cambio definido en un momento posterior. Los inversores pueden fijar los tipos de cambio y eliminar el riesgo de futuras fluctuaciones monetarias invirtiendo en un contrato a plazo. Por ejemplo, un inversor estadounidense que compra acciones europeas puede utilizar un contrato a plazo para protegerse de la caída del valor del euro frente al dólar estadounidense.

El uso de opciones es otra estrategia de cobertura muy popular para controlar el riesgo cambiario en las carteras globales. Al utilizar opciones sobre divisas, a los inversores se les concede el privilegio, pero no el deber, de comprar o vender una cantidad determinada de divisas a un tipo de cambio fijo (el precio de ejercicio) dentro de un período específico (la fecha de vencimiento). Las opciones de venta protegen a los inversores de una apreciación de una moneda extranjera, mientras que las opciones de compra les permiten protegerse contra su colapso. Los inversores pueden beneficiarse de las fluctuaciones positivas de las divisas al tiempo que reducen su riesgo adverso mediante la adquisición de opciones sobre divisas.

Los contratos de futuros son acuerdos estandarizados negociados en bolsas reguladas en las que el comprador debe comprar o vender una divisa en particular a un precio y tiempo definidos. Las empresas, los inversores institucionales y los especuladores de divisas utilizan los futuros de divisas para protegerse contra el riesgo cambiario o predecir los cambios en los tipos de cambio, a diferencia de los contratos a plazo y de futuros, que se negocian en bolsas centralizadas y están sujetos a requisitos de margen y liquidación diaria a precios de mercado.

Los derivados financieros, conocidos como swaps de divisas, permiten a dos partes negociar flujos de efectivo con diferentes valores de divisas durante algún tiempo. Los swaps de divisas son una herramienta estándar que utilizan las instituciones financieras y las organizaciones multinacionales para gestionar la exposición a largo plazo a las divisas de las operaciones de comercio exterior, finanzas e inversión. Las partes pueden protegerse eficientemente contra el riesgo cambiario mediante la participación en un swap de divisas sin pagar ni lidiar con las complicaciones de los mecanismos de cobertura estándar.

En conclusión, la diversificación internacional y las estrategias de cobertura son esenciales para la gestión moderna de carteras, ya que permiten a los inversores mitigar los riesgos, mejorar los rendimientos y capitalizar las oportunidades de inversión globales. Al diversificar entre países, regiones y tipos de activos, los inversores pueden aumentar los rendimientos ajustados al riesgo y disminuir la volatilidad de la cartera. Además, las técnicas de cobertura permiten a los inversores gestionar eficazmente el riesgo cambiario y protegerse contra los movimientos adversos del tipo de cambio. Al incorporar estrategias de diversificación internacional y cobertura en su enfoque de inversión, los inversores pueden construir carteras sólidas que resistan la volatilidad del mercado y logren objetivos financieros a largo plazo.

CAPÍTULO XI

Estudios de Caso y Perspectivas Históricas

Análisis de eventos famosos del mercado: caídas, burbujas y recuperaciones

Los mercados financieros han sido testigos de numerosos acontecimientos históricos caracterizados por una volatilidad extrema, movimientos bruscos de precios y perturbaciones significativas en la economía mundial. Estos eventos, a menudo llamados colapsos, burbujas y recuperaciones, son momentos cruciales en la historia del mercado, que dan forma al comportamiento de los inversores, las políticas regulatorias y las tendencias económicas. El examen de estos acontecimientos ofrece información esencial sobre la dinámica, las causas subyacentes y los efectos de la inestabilidad del mercado y los elementos que respaldan la resiliencia y la recuperación.

Uno de los eventos de mercado más infames de la historia es la Gran Depresión de la década de 1930, desencadenada por el colapso del mercado de valores de EE. UU. en octubre de 1929. El crack de Wall Street de 1929, también conocido como el Martes Negro, vio una presión de venta sin precedentes y una rápida caída en los precios de las acciones, lo que llevó a un pánico generalizado y a la devastación financiera. El desplome expuso las debilidades sistémicas del sistema bancario, exacerbadas por la especulación excesiva, el comercio con márgenes y la laxitud de la supervisión regulatoria. La consiguiente recesión económica, caracterizada por el desempleo masivo, las quiebras bancarias y la deflación, tuvo efectos profundos y duraderos en los mercados y la sociedad mundiales.

La burbuja de las puntocom de finales de la década de 1990 y principios de la de 2000 representa otro evento significativo del mercado alimentado por la exuberancia irracional y el frenesí especulativo. La rápida proliferación de empresas relacionadas con Internet y la aparición de nuevas tecnologías alimentaron el optimismo de los inversores y llevaron los precios de las acciones a niveles insostenibles. Sin embargo, muchas de estas empresas estaban sobrevaloradas y carecían de modelos de negocio viables, lo que provocó una fuerte corrección en los mercados de renta variable. El estallido de la burbuja de las puntocom provocó pérdidas masivas para los inversores, el colapso de numerosas empresas emergentes de Internet y un prolongado mercado bajista.

La crisis de las hipotecas de alto riesgo en Estados Unidos desencadenó la crisis financiera mundial de 2007-2008, considerada uno de los peores desastres de mercado de la época moderna. La laxitud de las normas crediticias, la titulización de las hipotecas de alto riesgo y la excesiva asunción de riesgos por parte de las instituciones financieras contribuyeron a la eventual implosión de la burbuja inmobiliaria, que desencadenó un efecto dominó que incluyó quiebras bancarias, congelación del mercado crediticio y caídas del mercado de valores. Las ondas expansivas del colapso de Lehman Brothers en septiembre de 2008 sacudieron los mercados financieros del mundo, provocando una crisis sistémica que requirió una acción gubernamental extraordinaria para estabilizar el sector bancario y reconstruir la confianza.

Las recuperaciones de los mercados tras grandes recesiones suelen caracterizarse por la resiliencia, la innovación y las respuestas políticas para restablecer el crecimiento económico y la confianza de los inversores. Por ejemplo, después de la Gran Depresión, las políticas del New Deal del presidente Franklin D. Roosevelt tenían como objetivo estimular la recuperación económica a través de la intervención del gobierno, la inversión en infraestructura y la regulación financiera. De manera similar, los bancos centrales de todo el mundo implementaron políticas monetarias no convencionales para estimular el crecimiento económico y prevenir la deflación durante la crisis financiera mundial, incluidas políticas de flexibilización cuantitativa y tasas de interés cero.

La innovación tecnológica, el aumento de la productividad y las nuevas industrias emergentes de crecimiento impulsaron la recuperación de la burbuja de las puntocom. A pesar del colapso de muchas nuevas empresas de Internet y el declive de las acciones tecnológicas, empresas como Google, Amazon y Apple surgieron como líderes de la industria, impulsando las ganancias del mercado de valores y contribuyendo a la expansión económica. La resiliencia de la economía estadounidense, junto con la política monetaria acomodaticia y el estímulo fiscal, ayudaron a impulsar los mercados a nuevos máximos y a alimentar un mercado alcista sostenido.

En los últimos años, acontecimientos del mercado, como la pandemia de COVID-19, han puesto de relieve la interconexión y la fragilidad de los mercados financieros mundiales. A partir de principios de 2020, el brote de la pandemia provocó una volatilidad del mercado sin precedentes, y las acciones experimentaron rápidas caídas seguidas de fuertes recuperaciones. Los confinamientos impuestos por el gobierno, las interrupciones de la cadena de suministro y la incertidumbre en torno al impacto del virus en la actividad económica contribuyeron a la ansiedad de los inversores y a las turbulencias del mercado. Sin embargo, las medidas masivas de estímulo fiscal, la intervención del banco central y los avances en el desarrollo de vacunas ayudaron a respaldar la confianza del mercado y a impulsar un rápido repunte de los precios de los activos.

En conclusión, el análisis de los acontecimientos conocidos del mercado proporciona información valiosa sobre la dinámica de los mercados financieros, las razones detrás de las turbulencias del mercado y los componentes que facilitan la recuperación y la resiliencia. Los ciclos de mercado se caracterizan inherentemente por caídas, burbujas y recuperaciones, que son el resultado de la interacción del comportamiento de los inversores, las políticas regulatorias y los fundamentos económicos. Los inversores pueden tomar decisiones más informadas para gestionar entornos de mercado volátiles y tener una mejor comprensión de las oportunidades y los riesgos relacionados con la inversión en los mercados financieros examinando de cerca estos eventos.

Biografías de Inversores y Traders Exitosos

El mundo de las finanzas y la inversión ha sido moldeado por las contribuciones y logros de numerosos inversores y comerciantes exitosos que han dejado una huella indeleble en la industria. A través de su visión, disciplina y determinación, estas personas han logrado un éxito notable en la navegación por los mercados financieros, la generación de riqueza y la influencia en las estrategias de inversión. Sus biografías proporcionan inspiración y conocimientos a los aspirantes a inversores, ofreciendo valiosas lecciones sobre la gestión de riesgos, el análisis de mercado y la psicología de la inversión.

A veces conocido como el "Oráculo de Omaha", Warren Buffett es una de las figuras más conocidas del mundo de las inversiones. Considerado uno de los mayores inversores de todos los tiempos, Buffett se desempeña como presidente y director ejecutivo del conglomerado multinacional Berkshire Hathaway. La inversión en valor, que hace hincapié en las empresas con fundamentos sólidos, ventajas distintivas y valores atractivos, es la base de las filosofías de inversión de Buffett. Ha desarrollado un culto entre los inversores de todo el mundo gracias a su filosofía de inversión a largo plazo, su énfasis en el valor intrínseco y su aversión a la especulación. Las cartas anuales de Buffett a los accionistas de Berkshire Hathaway se consideran una lectura esencial para los inversores que buscan información y dirección del famoso inversor.

Otro inversor legendario es Benjamin Graham, conocido como el "Padre de la Inversión en Valor" y mentor de Warren Buffett. Graham fue un reconocido economista, autor y profesor que revolucionó el campo del análisis de valores con su innovador libro, "Security Analysis", en coautoría con David Dodd. El enfoque de inversión en valor de Graham enfatizaba la importancia del análisis fundamental, el margen de seguridad y la inversión disciplinada. Su concepto de "Mr. Market", que representa la irracionalidad y la volatilidad de los precios de las acciones, sigue siendo una piedra angular de la filosofía de inversión en valor. La sabiduría atemporal de Graham inspira a generaciones de inversores que buscan generar riqueza a través de la toma de decisiones prudentes y racionales.

John Templeton es otro influyente inversor cuya vida y carrera han dejado un legado duradero en las finanzas. Templeton fue pionera en la inversión global y la gestión de fondos mutuos, fundando el Templeton Growth Fund en 1954, uno de los primeros fondos de renta variable internacional del mundo. El enfoque contrario a la inversión de Templeton, su voluntad de aceptar la incertidumbre y su énfasis en la diversificación lo distinguen de sus pares. Aconsejó a los inversores que "compren cuando haya sangre en las calles", abogando por un horizonte de inversión a largo plazo y manteniendo una estrategia de inversión disciplinada, incluso durante las turbulencias del mercado.

El renombrado activista político, filántropo y gestor de fondos de cobertura George Soros es conocido por sus audaces métodos de inversión y su notable éxito en la especulación de divisas. Cuando Soros apostó contra la libra esterlina en 1992, obtuvo más de 1.000 millones de dólares en beneficios y obligó al gobierno británico a abandonar el Mecanismo Europeo de Tipos de Cambio. Este movimiento catapultó a Soros a la prominencia internacional. La teoría de la reflexividad de Soros y la noción de reflexividad del mercado han dado forma a su filosofía de inversión, haciendo hincapié en el impacto de la psicología de los inversores, los bucles de retroalimentación y los sesgos cognitivos en la dinámica del mercado. A través de Open Society Foundations, ha contribuido globalmente al avance de la justicia social, la democracia y los derechos humanos.

El renombrado gestor de fondos de cobertura y filántropo Paul Tudor Jones II es conocido por sus métodos de macro trading y su rentable historial en los mercados financieros. Jones fundó Tudor Investment Corporation en 1980 y la convirtió en uno de los fondos de cobertura más grandes y exitosos del mundo. Su enfoque macro de trading, que implica el análisis de las tendencias económicas globales, la política monetaria y los eventos geopolíticos, le ha permitido beneficiarse de las tendencias significativas del mercado y los ciclos económicos. Las iniciativas filantrópicas de Jones, incluida la Fundación Robin Hood, tienen como objetivo aliviar la pobreza y mejorar las oportunidades educativas para las comunidades desatendidas.

En conclusión, las biografías de los inversores y traders exitosos ofrecen información valiosa sobre los principios, las estrategias y la mentalidad necesarios para lograr el éxito en los mercados financieros. Desde la filosofía de inversión en valor de Warren Buffett hasta las estrategias de trading macro de George Soros, el viaje de cada inversor es único y ofrece lecciones que pueden informar e inspirar a los inversores de todos los niveles. Los aspirantes a inversores pueden aprender más sobre las ideas y estrategias que conducen al éxito en el trading y la inversión investigando las vidas y carreras de estos ilustres inversores.

Aprender de las fallas del mercado y los errores de inversión

Las fallas del mercado y los errores de inversión son riesgos inherentes al mundo de las finanzas, que a menudo son el resultado de una combinación de factores como la desinformación, la exuberancia irracional y los eventos imprevistos. Si bien estos fracasos y errores pueden ser costosos y dolorosos, también presentan valiosas oportunidades de aprendizaje para los inversores y los participantes del mercado. Al analizar las causas raíz, identificar las señales de advertencia y comprender las consecuencias de las fallas del mercado y los errores de inversión, las personas pueden obtener información valiosa que puede informar sus procesos de toma de decisiones y mejorar sus posibilidades de éxito en el futuro.

La crisis financiera mundial de 2007-2008, provocada por la crisis de las hipotecas de alto riesgo en Estados Unidos, es una de las fallas recientes del mercado. La crisis puso de manifiesto las deficiencias de la estructura del sistema económico, como la debilidad de las normas crediticias, la excesiva asunción de riesgos por parte de las instituciones financieras y la supervisión regulatoria inadecuada. Las obligaciones de deuda garantizada (CDO, por sus siglas en inglés) y otros productos financieros complicados se comercializaron como inversiones de bajo riesgo a pesar de las fallas estructurales y los problemas crediticios subyacentes. Los impagos de las hipotecas de alto riesgo se dispararon tras el estallido de la burbuja inmobiliaria, lo que provocó quiebras bancarias, congelación del mercado crediticio y una catastrófica recesión económica.

La actual crisis financiera mundial demuestra los riesgos asociados con el alto apalancamiento, las burbujas especulativas y la interdependencia del mercado. Hizo hincapié en la importancia de contar con marcos regulatorios sólidos, una gestión responsable de los riesgos y la apertura para preservar la estabilidad económica y la confianza de los inversores. Se han reforzado las regulaciones en los sectores bancario y financiero, se ha aumentado la transparencia y se han mejorado los procedimientos de gestión de riesgos debido a las lecciones aprendidas de la crisis.

Los errores de inversión también pueden ser el resultado de sesgos de comportamiento, errores cognitivos y toma de decisiones emocionales, que pueden nublar el juicio y conducir a resultados subóptimos. Un error común es el comportamiento de rebaño, en el que los inversores deben realizar una investigación o análisis exhaustivo para seguir a la multitud. Esto puede dar lugar a burbujas de activos, ineficiencias del mercado y tendencias de precios insostenibles. Por ejemplo, el frenesí especulativo y el entusiasmo irracional impulsaron la burbuja de las puntocom de finales de la década de 1990, inflando los precios de las acciones vinculadas a Internet. Cuando los precios de las acciones se desplomaron y la burbuja estalló, muchos inversores perdieron mucho dinero.

El exceso de confianza es otro sesgo cognitivo que puede conducir a errores de inversión, ya que las personas sobreestiman sus capacidades y subestiman los riesgos. Esto puede dar lugar a una negociación excesiva, a malas decisiones de asignación de activos y a una diversificación inadecuada de la cartera. Además, el sesgo de anclaje, en el que los inversores se fijan en puntos de referencia específicos o en rendimientos pasados, puede distorsionar el juicio y dar lugar a una toma de decisiones subóptima. Por ejemplo, los inversores pueden mantener posiciones perdedoras con la esperanza de recuperar las pérdidas en lugar de reducir sus pérdidas y reasignar capital a oportunidades más prometedoras.

Aprender de los fallos del mercado y de los errores de inversión requiere humildad, introspección y voluntad de adaptarse y evolucionar. Implica reconocer los errores del pasado, profundizar en sus causas subyacentes y poner en marcha medidas correctivas para evitar volver a cometer los mismos errores. Esto puede implicar una diligencia debida exhaustiva, la mejora de los procedimientos de gestión de riesgos y la consulta con expertos. Mantenerse enfocado en los objetivos a largo plazo y resistir la presión de los compañeros o los vaivenes del mercado a corto plazo exige valor emocional y autocontrol.

Los actores influyentes del mercado y los inversores ven los errores como oportunidades para el desarrollo y el progreso y reconocen que el fracaso es un componente de aprendizaje inevitable. Las personas pueden mejorar su resiliencia, adaptabilidad y éxito en las maniobras de los intrincados mercados financieros adoptando una mentalidad de crecimiento y persiguiendo persistentemente la adquisición de conocimientos a partir de la experiencia. Para tener éxito económico a largo plazo y acumular riqueza a lo largo del tiempo, hay que aprender de los fallos del mercado y de los errores financieros.

Examinando los éxitos de inversión a largo plazo

El éxito de las inversiones a largo plazo suele ser el resultado de una planificación disciplinada, la toma de decisiones estratégicas y la capacidad de mantenerse centrado en principios de inversión cruciales a lo largo del tiempo. El examen de las estrategias y los logros de los inversores exitosos a largo plazo puede proporcionar información valiosa sobre los factores que contribuyen a la creación sostenida de riqueza y la independencia financiera. Desde el enfoque paciente de Warren Buffett sobre la inversión en valor hasta el énfasis de Peter Lynch en el análisis fundamental y la investigación de mercado, las historias de inversores exitosos a largo plazo ofrecen lecciones valiosas para los inversores que buscan generar riqueza a largo plazo.

Conocido por muchos como el "Oráculo de Omaha", algunas personas clasifican a Warren Buffett como uno de los mejores inversores de todos los tiempos. La estrategia de inversión de Buffett se basa en la inversión en valor, dando prioridad a las empresas con finanzas sólidas, una ventaja competitiva y precios atractivos. Es conocido por abogar por invertir en empresas con potencial de desarrollo a largo plazo y beneficios competitivos duraderos en lugar de seguir las modas del mercado. El historial de décadas de Buffett de superar al mercado le ha valido seguidores de culto entre los inversores de todo el mundo. Esto ha cimentado su reputación como un hábil inversionista.

Conocido por su excepcional desempeño como administrador del Fondo Fidelity Magellan de 1977 a 1990, Peter Lynch es otro inversionista de renombre. El enfoque de inversión de Lynch, descrito en su exitoso libro "One Up on Wall Street", enfatiza la importancia del análisis fundamental, la investigación de la empresa y mantenerse informado sobre las tendencias del mercado. Lynch acuñó la famosa frase "invierte en lo que sabes", abogando por que los inversores

individuales se centren en las industrias y empresas que
entienden y en las que creen. El éxito de Lynch en
identificar e invertir en empresas de alto crecimiento
como Dunkin' Brands, The Home Depot y Starbucks lo ha
convertido en un modelo a seguir para los inversores que
buscan el éxito de la inversión a largo plazo.

A John Bogle, fundador de The Vanguard Group y
pionero de la inversión en índices, se le atribuye haber
revolucionado la industria de los fondos mutuos y
democratizar el acceso a opciones de inversión
diversificadas y de bajo costo para los inversores
individuales. Al desarrollar el primer fondo mutuo
indexado, el Vanguard 500 Index Fund, Bogle
personificó el concepto de inversión pasiva que ha
permitido a millones de inversores obtener rendimientos
similares a los del mercado con tarifas y gastos bajos. El
apoyo de Bogle al deber fiduciario, la simplicidad y la
apertura ha tenido un impacto significativo en el sector
de la inversión y ha ayudado a muchos inversores a
acumular riqueza a largo plazo.

El antiguo colega de negocios de Warren Buffett y
vicepresidente de Berkshire Hathaway, Charlie Munger,
es conocido por su agudo sentido del humor, su enfoque
multidisciplinario de la inversión y su énfasis en la toma
de decisiones lógicas. Como se expresa en sus libros y
conferencias, las filosofías de inversión de Munger
enfatizan fuertemente el valor de los modelos mentales,
el razonamiento probabilístico y la educación continua.
Promueve el uso de un "entramado de modelos
mentales", que incluye conocimientos de diversos
campos, como la biología, la economía y la psicología,
para comprender mejor y gestionar situaciones
financieras difíciles. Munger es considerado como uno de
los inversores y pensadores más estimados de la
industria financiera debido a su impacto en Buffett y su
papel en el éxito de Berkshire Hathaway.

La paciencia, la disciplina y el enfoque en lo básico son rasgos compartidos por los inversores exitosos a largo plazo. Son conscientes de que invertir es un maratón, no un sprint, y están preparados para afrontar la volatilidad y las decepciones a corto plazo para alcanzar sus objetivos financieros a largo plazo. Además, reconocen el valor de la diversificación, la gestión del riesgo y el mantenimiento de su filosofía de inversión a pesar de las influencias externas y las fluctuaciones del mercado. Al estudiar las estrategias y los logros de los grandes inversores a largo plazo, los inversores individuales pueden obtener información e inspiración valiosas que les ayuden a navegar por la complejidad de los mercados financieros y a cumplir sus objetivos de inversión durante un período prolongado.

CONCLUSIÓN

"La magia del mercado: navegando por el laberinto del mercado de valores: estrategias para el éxito en los mercados alcistas y bajistas" ofrece a los lectores un manual completo para comprender y tener éxito en el volátil mundo de los mercados financieros. A lo largo del libro, los lectores conocen una gran cantidad de estrategias, ideas y lecciones de inversores y traders exitosos, así como análisis de eventos famosos del mercado y éxitos de inversión.

Al concluir este viaje a través de las complejidades del mercado de valores, es esencial reflexionar sobre los puntos clave y los temas generales presentados. En primer lugar, hay que tener en cuenta la importancia del conocimiento y la educación para navegar por las complejidades de los mercados financieros. Desde la comprensión del análisis fundamental hasta el dominio de los indicadores técnicos, una base sólida de experiencia permite a los inversores tomar decisiones informadas y evitar los errores comunes.

El libro también destaca la importancia de invertir con disciplina y perspectiva a largo plazo. Inversores prósperos como Peter Lynch y Warren Buffett han ejemplificado la necesidad de perseverancia, gestión calculada del riesgo y navegación por las fluctuaciones del mercado. El éxito a largo plazo depende de mantenerse enfocado en los valores fundamentales y abstenerse de tomar decisiones precipitadas, independientemente del estado del mercado.

El libro también hace hincapié en lo cruciales que son la gestión del riesgo y la diversificación para reducir la volatilidad de la cartera y proteger el dinero. Invertir ampliamente en diversas clases de activos, sectores y regiones ayuda a los inversores a mejorar los rendimientos ajustados al riesgo al tiempo que reduce el impacto de los movimientos de las acciones individuales. Además, el libro hace hincapié en aprender de los fallos del mercado y de los errores de inversión. La adversidad a menudo presenta oportunidades de crecimiento y mejora, y comprender las causas fundamentales de los fracasos pasados puede ayudar a los inversores a evitar repetir los mismos errores en el futuro.

En última instancia, "La magia del mercado" es una herramienta valiosa para inversores de todo tipo, desde aficionados hasta profesionales experimentados. Este libro ofrece una hoja de ruta completa para navegar por el laberinto del mercado de valores, independientemente de los objetivos del lector: mejorar las técnicas de negociación, obtener una base firme en el conocimiento de la inversión o aprender de las experiencias de inversores rentables.

En conclusión, cualquier persona preparada para trabajar duro, mantener la disciplina, adquirir constantemente nuevas habilidades y adaptarse a las condiciones cambiantes del mercado puede tener éxito en el mercado de valores. Utilizando las ideas y tácticas presentadas en "La magia del mercado", los inversores pueden aumentar sus probabilidades de éxito y descubrir la posibilidad de crear riqueza a largo plazo tanto en los mercados alcistas como en los bajistas.

Gracias por comprar y leer/escuchar nuestro libro. Si este libro le ha resultado útil, tómese unos minutos y deje una reseña en la plataforma donde compró nuestro libro. Sus comentarios son muy importantes para nosotros.

www.ingramcontent.com/pod-product-compliance
Lightning Source LLC
Chambersburg PA
CBHW070237230526
45470CB00002B/441